国家自然科学基金面上项目（52474132）
国家自然科学基金青年科学基金项目（52204135）
辽宁省教育厅高校基本科研项目（LJ222410147010）

基于多元混合模型的露天煤矿道路粉尘浓度预测研究

王　猛　杨宗卫　著

中国矿业大学出版社
·徐州·

图书在版编目(CIP)数据

基于多元混合模型的露天煤矿道路粉尘浓度预测研究 / 王猛，杨宗卫著. — 徐州 ：中国矿业大学出版社，2025. 5. — ISBN 978-7-5646-6807-5

Ⅰ. TD714

中国国家版本馆 CIP 数据核字第 2025564KH9 号

书　　名　基于多元混合模型的露天煤矿道路粉尘浓度预测研究
著　　者　王　猛　杨宗卫
责任编辑　姜　翠
出版发行　中国矿业大学出版社有限责任公司
　　　　　　(江苏省徐州市解放南路　邮编 221008)
营销热线　(0516)83885370　83884103
出版服务　(0516)83995789　83884920
网　　址　http://www.cumtp.com　**E-mail**:cumtpvip@cumtp.com
印　　刷　苏州市古得堡数码印刷有限公司
开　　本　710 mm×1000 mm　1/16　**印张** 8.75　**字数** 144 千字
版次印次　2025 年 5 月第 1 版　2025 年 5 月第 1 次印刷
定　　价　38.00 元

前言 Preface

党的二十大报告提出，必须牢固树立和践行绿水青山就是金山银山的理念。这对环境保护和空气质量治理提出了更高的要求。应急管理部和国家矿山安全监察局对露天煤矿环境治理提出了实施绿色矿山建设、推进矿山生态恢复和环境保护工程、加强矿山环境监测和预警的要求；对露天煤矿粉尘治理提出了制定和完善粉尘防治技术标准和管理规范、加强对粉尘污染的监测和评估、加强粉尘防治设施和管控措施的建设和管理的要求。

随着露天煤矿开采产量的增加，在生产过程中会产生大量粉尘，露天煤矿粉尘会污染大气、土壤、植被和水源，危害职工健康，已成为露天煤矿建设绿色矿山的主要制约因素。本书以某露天煤矿2020年1月1日至2021年12月31日的每小时空气质量数据和气象数据为基础，分析了影响露天煤矿道路粉尘浓度变化的多种因素，建立了基于深度学习人工神经网络的露天煤矿道路粉尘浓度多元混合预测模型，并设计了露天煤矿道路粉尘浓度实验方案，进而设置对比模型，验证所设计模型性能的优越性，通过现场实测数据验证了该模型的可行性。

尽管本书在理论建模与验证方面取得了一定进展，但仍存在局限性：其一，训练模型使用的数据集是近两年的污染物数据和气象数据，未来可以增加数据量，并结合空间分布特征，进一步提高模型的预测精度；其二，未能将粉尘浓度预测模型与降尘设备联动。若实现联动，粉尘浓度未来的变化情况实时地反馈给降尘设备，能够对粉尘浓度的异常变化进行快速处理。

本书的出版得益于国家自然科学基金面上项目（52474132）、国家自然科学基金青年科学基金项目（52204135）和辽宁省教育厅高校基本科研项目（LJ222410147010）的资助。本书的写作得益于同行专家的宝贵建议，同时也参考了较多的国内外文献资料，标注如有疏漏，作者特表歉意。在此向为本书写作提供帮助的所有人员及审稿专家表示衷心感谢！期望本书能为我国露天煤矿粉尘浓度控制的发展提供理论基石，助力煤炭资源绿色高效开发。

本书面向采矿工程、岩土工程领域的科研人员与技术人员，可作为高校研究生教材，也可为工程实践提供参考。本书内容兼顾理论深度与实用性，既适合从事粉尘浓度控制理论研究的学者，也可为露天煤矿设计与施工人员提供技术支撑。

由于水平有限，尽管作者做了诸多努力，但难免有不尽如人意之处，恳请读者在阅读本书时加以批评指正。

著 者

2025 年 1 月

目录 Contents

1 绪论

1.1 研究背景及意义

目前我国的能源国情是缺油、少气、相对富煤，煤炭资源总量远超石油和天然气[1]，为国民经济和社会各行各业的发展提供了可靠的能源保障。自然资源部发布的《中国矿产资源报告(2024)》数据显示，2023 年我国一次能源生产总量为 48.3 亿 t 标准煤，比 2022 年增长 4.2%。能源生产结构中煤炭占 66.6%，石油占 6.2%，天然气占 6.0%，水电、核电、风电、光电等非化石能源占 21.2%。2023 年我国能源消费总量为 57.2 亿 t 标准煤，煤炭消费占一次能源消费总量的 55.3%，石油占 18.3%，天然气占 8.5%，水电、核电、风电、太阳能发电等非化石能源占 17.9%[2]。煤炭的主体能源地位在短期内不会改变。《煤炭产业政策》指出，在地质赋存条件允许的情况下，露天开采是首选的开采方式，露天开采具有建设时间短、劳动生产率高、开采成本低等优点，露天煤矿已经成为我国煤炭工业的重要组成部分。截至 2023 年底，我国共有露天煤矿约 357 处，其中千万吨级大型露天煤矿 36 处，产能 11 亿 t，占比 23.4%[3]。

随着露天煤矿开采量的增加，在生产过程中会产生大量粉尘，粉尘问题日趋严重，露天煤矿的粉尘是指大气中粒径小于 100 μm 的细小颗粒物[4]。当矿山工作人员长期处于高浓度的粉尘环境中时，轻则会引起人体咽炎、鼻炎、呼吸道感染等疾病，重则甚至会导致心血管疾病、免疫系统疾病等。对于矿山工作者来说，最常见的由粉尘引起的疾病是尘肺病。《职业病分类和目录》根据接尘类型将尘肺病划分为 13 种类型，其中煤工尘肺、矽肺和石棉肺是主要的尘肺病病种，且大多数的尘肺病病例发生在煤炭行业从业人员身上。截至 2022 年底，全国累计报告职业性尘肺病患者 92.3 万人，2022 年国内因尘肺病死亡的病例为 9 613 例，该病的发病率和患者死亡率仍然较高[5-6]。2022 年 4 月 25 日，国家卫生健康委员会召开的新闻发布会指出，尘肺病是我国影响面最广、危害最严重的职业病，截至 2021 年底，全国的职业性尘肺病患者人数已达 91.5 万人，且煤矿工作人员是患尘肺病的高危人群。粉尘浓度升高还会导致工作场所能见度降低，特别是对交通运输方面的影响巨大，道路粉尘影响司机视野，容易发生行车事故，司机只能减速行驶，从而降低运输效率。当粉尘落入机械设备部件中时，会加剧机械设备的磨损，缩短精密仪器使用寿命[7]。我国露天煤矿主要分布在新疆、内蒙古等地区，随着露天煤矿开采的进行，产生的粉尘对周围生态环境和大气环境造成了严重的破坏，对于环境问题本就不容乐观的地区来说更是雪上加霜，矿区产生的粉尘随风吹散到居民区，对周围居民的正常生活也产生了巨大的影响。据相关报道，我国西部地区的部分露天煤矿是导致局部沙尘暴的原因之一[8]。相关研究表明，除爆破产生的粉尘外，露天煤矿道路的产尘量占全矿总产尘量的 70%～90%[9]。爆破产生的粉尘会瞬间使空气中的粉尘浓度增加，具有瞬时性，可在特定的时间、特定的地点进行针对性的降尘处理，而露天煤矿道路粉尘浓度受地理环境因素、人为因素和自然因素等多重因素的影响而不断地发生变化，导致人们无法准确掌握粉尘浓度变化规律[10]，从而不能采取有效的降尘措施，治理比较困难，容易造成人力物力的浪费，同时难以达到理想的治理效果。因此，为了实现露天煤矿的可持续发展，要对露天煤矿道路的粉尘问题进行治理。

党的二十大报告提出，必须牢固树立和践行绿水青山就是金山银山的理念。这对环境保护和空气质量治理提出了更高的要求[11]。2022 年 8 月 10 日，应急管理部和国家矿山安全监察局印发《“十四五”矿山安全生产规划》。这对露天煤矿环境治理提出了要实施绿色矿山建设、推进矿山生态恢复和环境保护工程、加强矿山环境监测和预警的要求；对露天煤矿粉尘治理提出了要制定和完善粉尘防治技术标准和管理规范、加强对粉尘污染的监测和评估、加强粉尘防治设施和管控措施的建设和管理的要求。在 2022 年 9 月举行的“中国这十年”系列主题新闻发布会上，生态环境部部长黄润秋表示，要坚持 PM2.5 与臭氧协同治理，无论是国家还是人民群众，都越来越重视空气质量问题[12]。“十四五”时期是国家推进绿色低碳循环发展、全面提升经济发展质量、促进高质量发展的关键时期,《中华人民共和国国民经济和社会发展第十四个五年规划和 2035 年远景目标纲要》提出了实现生态环境改善、提升生态系统质量和稳定性的目标,露天煤矿的环境管理将面临更新、更高、更严的要求。

矿区开始逐步建立空气质量监测平台来实时获取露天煤矿空气质量的各种参数,但是矿区粉尘浓度的变化十分复杂,只根据监测平台记录的实时数据无法及时应对粉尘问题,对粉尘的治理也无从入手。对露天煤矿道路粉尘问题进行科学有效的治理要掌握粉尘浓度的变化规律,因此需要找到影响粉尘浓度变化的主要因素,并通过科学的手段对粉尘浓度进行预测,掌握其变化规律,以制定针对性的治理措施。由于影响粉尘浓度变化的因素众多,且粉尘浓度具有非线性、时变性的特点[13],无法用一般的数学公式表示出其变化规律,所以本书利用深度学习方法建立了一个基于多元数据驱动的预测模型来预测粉尘浓度,该模型可以通过学习分析大量历史数据,建立历史数据和预测数据的映射关系,用科学的手段掌握粉尘浓度的变化趋势,达到粉尘浓度预测的目的,从而指导露天煤矿制定针对性的防治措施,提升降尘的效率,减少人力物力的浪费,进一步减少粉尘带来的危害。为了开采工作的正常进行和工作人员的身体健康,积极响应国家政策,进行露天煤矿道路粉尘浓度预测的研究是必要的,同时对于推动绿色智能化矿山的建设具有重要的现实意义。

1.2 国内外研究现状

1.2.1 露天煤矿粉尘浓度预测研究现状

在露天煤矿粉尘浓度预测方面,有学者通过构建预测模型做了一系列针对性研究,并取得了一些研究成果。霍文等建立了以随机森林算法为基础的、环境因素影响下的露天煤矿粉尘浓度预测模型,研究表明,先将粉尘浓度数据进行降噪处理可以提高整体模型的预测准确率,同时指出,相对湿度是所有环境因素中对预测结果影响最大的特征变量[14]。张易容通过循环神经网络模型对哈尔乌素露天煤矿粉尘浓度进行预测,并且将其与传统回归模型和随机森林模型进行比较，结果表明，循环神经网络模型的预测结果优于另外两个模型[15]。王雅宁基于随机森林-马尔科夫模型对哈尔乌素露天煤矿粉尘浓度开展预测研究，在随机森林模型的基础上结合马尔科夫模型，构成了一个混合模型，研究结果表明，该混合模型比单一的随机森林模型具有更好的预测效果[16]。Lal 等建立三种预测模型对露天煤矿污染物浓度进行预测，结果表明，基于人工神经网络的粉尘浓度预测模型性能更优[17]。罗怀廷提出了 RF_PSO 和 GBM_PSO 两种露天煤矿粉尘浓度预测模型，结果表明，前 5 分钟的粉尘浓度对当前的粉尘浓度影响最大，其次对粉尘浓度影响最大的气象因素是湿度，影响最小的是风向，对数据进行清理后模型的预测性能有所提高[18]。张巧锋建立了基于物联网平台和 SARIMAX 时间序列模型的露天煤矿道路 PM2.5 监测预测系统，通过物联网平台采集数据，然后利用 SARIMAX 模型对 PM2.5 进行预测[19]。赵耀忠等基于风速、光照度、湿度和温度等四种输入特征对比分析了五种机器学习算法的预测性能，结果表明支持向量机的预测效果最好[20]。Li 等提出了一种基于 LSTM 模型和注意力机制的预测模型，对安家岭露天煤矿的总悬浮颗粒物（TSP）进行预测，并设置对比模型 ARIMA 和 LSTM，结果表明混合模型的预测性能最优且更加稳定[21]。Bui 等提出了一种基于支持向量回归（SVR）和群优化算法（PSO）的混合预测模型，对越南的 Coc Sau 露天煤矿钻井作业中 PM10 的浓度进行预测，并与 K-最近邻算法（KNN）、随机森林（RF）和分类与回归树（CART）进行对比，结果表明 PSO-SVR 模型的预测性能优于其他模型[22]。

国内外针对露天煤矿粉尘浓度预测的研究大部分是利用机器学习模型，取得了一些研究成果，相关研究表明混合模型的预测性能优于单一的预测模型，虽然在他们的研究中得到的实验结果表明预测效果良好，但现有研究仅限于 1 h 甚至时间步长更短的短期预测，在预测精度上也还有很大的提升空间，因此在露天煤矿粉尘浓度预测方面还存在很大的研究空间。

1.2.2 PM2.5 浓度预测研究现状

PM2.5 是粒径小于 2.5 μm 的固体微粒，是露天煤矿粉尘中对人体危害最大的一种微粒，也是导致雾霾天气的主要因素之一。PM2.5 的治理是国家一直在致力于解决的问题，在露天煤矿粉尘浓度的相关研究中，PM2.5浓度是主要的研究对象。在PM2.5浓度预测方面，国内外许多学者做过相关的研究，并取得了一定的研究成果。预测方法主要有四种，分别是基于仿真物理模型的预测方法、基于统计模型的预测方法、基于机器学习的预测方法和基于深度学习的预测方法。

1.2.2.1 基于仿真物理模型的预测方法

该方法是通过计算机仿真模拟空气中污染物颗粒的扩散过程和环境因素，从而达到预测的目的。Chemel等利用化学品运输模型，结合污染源排放情况和气象条件预测英国PM2.5浓度未来的变化情况[23]。Hogrefe等提出了一种基于全年模拟气象模型和光化学空气质量模型的PM2.5浓度预测方法[24]。胡玉筱等利用高斯烟羽扩散模型，并结合多元线性回归从气象因素和污染源扩散两个方面对西安市的PM2.5浓度进行预测[25]。Zhou等针对我国的东部地区建立了一个污染物预测系统RAEMS，通过模拟污染源排放、大气物理、大气化学过程和区域交通量，预测PM2.5浓度[26]。潘锦秀等将3个预测系统（CMAQ、CAMx和NAQPMS）进行整合，对北京市的PM2.5浓度进行预测，系统地考虑了天气系统与中、小尺度气象对污染物的输送、扩散和转化的影响[27]。Thongthammachart等将随机森林模型和WRF/CMAQ模型进行结合，对日本关西地区的PM2.5浓度进行预测[28]。Cheng等基于CRTM和WRF-Chem的耦合模型开发了3DVR同化系统，对北京市24小时的PM2.5浓度进行预测[29]。虽然仿真模型的预测效果较好，但是建立仿真物理模型需要结合地形、污染源、污染物和气象等众多复杂因素，对数据细致性要求较高，需要不断更新污染源信息且信息获取难度较大，过度消耗资源成本和人力成本，实现难度较大，该方法存在一定的缺陷。

1.2.2.2 基于统计模型的预测方法

该方法主要是通过分析历史数据，运用一定的数学方法进行科学的加工整理，揭示相关变量之间的规律性联系，得到粉尘浓度的变化规律，预测未来的变化情况。基于统计模型的预测方法主要包括多元线性回归模型、灰色预测模型、马尔科夫模型、指数平滑法、自回归滑动平均模型等。

Elbayoumi 等以室外 PM10、PM2.5、CO、CO_2 的浓度以及风速、气压和相对湿度为输入，建立 PM2.5 和 PM10 浓度的多元线性回归模型，预测室内的 PM2.5 和 PM10 浓度，大气过程是非线性的，因此多元线性回归模型难以精确描述非线性关系，导致预测效果不理想[30]。李敏慧等通过建立分数阶累加灰色预测模型对北京市 PM2.5 浓度的月均值进行预测[31]。Dong 等利用半马尔科夫模型(HSMM)对芝加哥奥黑尔国际机场的 PM2.5 浓度进行预测，结果表明，该模型对于未来 24 小时的 PM2.5 浓度预测效果较好[32]。张熙来等利用指数平滑法预测 PM2.5 浓度，并用马尔科夫模型进行校正，将预测结果与未经过校正的预测模型对比，预测准确性更高[33]。鞠英芹等比较分析了多元线性回归模型和多元非线性回归模型对天门市 PM2.5 浓度的预测能力，结果表明多元非线性回归模型预测效果较好[34]。席小雅等构建了灰色预测模型 GM(1,1)和 ARMA(p,q)的组合模型对西安市的 PM2.5 浓度进行预测，研究结果表明组合模型的相对误差最小[35]。张亚博等通过 MIV 算法筛选出对 PM2.5 浓度预测的主要影响参数，构建 ARIMA 模型对桂林市的 PM2.5 浓度进行预测，结果表明，通过 MIV 筛选参数，模型的预测精度有所提高[36]。

1.2.2.3 基于机器学习的预测方法

该方法是利用学习算法对大量相关的历史数据进行分析，学习数据之间的非线性转化规律，从而达到预测的目的。该方法是近年来学者们常用的一种预测手段。常用的机器学习模型有随机森林、支持向量机、人工神经网络等。和传统的预测方法相比，基于机器学习的预测方法简化了预测过程，在预测精度上同样具有优势。任才溶等提出了一种基于随机森林和气象参数的 PM2.5 浓度等级预测方法，经过真实数据验证，该方法具有较好的精确度[37]。尹建光等建立了基于小波分解的多级残差修正的最小二乘支持向量回归预测模型，用来预测济南市的 PM2.5 浓度，结果表明，该模型预测效果较好，特别是对重污染天气的预测精度更高[38]。Wang 等将支持向量机和遗传算法进行结合(即 GA-XVR)，利用公共数据集对模型进行训练和测试，并与其他机器学习方法进行比较，结果表明 GA-XVR 的预测精度更高[39]。Zhong 等首先利用 mRMR 算法选择数据特征，然后通过 XGBoost

模型对未来一小时的 PM2.5 浓度进行预测，结果表明，先进行特征选择，再去预测，精度会有所提高[40]。Zhong 等基于气象数据构建 LightGBM 算法预测每小时的 PM2.5 浓度[41]。Kang 等构建了 KNN、BP、SVR、GPR、XGBoost 和随机森林模型预测 PM2.5 浓度，对比实验结果表明，XGBoost 模型的预测准确率高于其他模型[42]。

1.2.2.4 基于深度学习的预测方法

深度学习是机器学习领域中发展出来的一个子类，是一种复杂的机器学习。深度学习在数据挖掘、语音和图像识别、计算机视觉和自然语言处理等方面取得了很多成果。深度学习作为机器学习领域中的一个新的研究方向，已经逐渐成为使用频繁、预测效果更好的一种预测方法。深度学习增强了复杂特征的表示能力，利用深度学习算法进行 PM2.5 浓度预测研究主要是应用深度神经网络模型，提取时间序列中有效的历史信息对 PM2.5 浓度进行预测。常用的深度神经网络模型有循环神经网络（RNN）、卷积神经网络（CNN）和深度信念网络（DBN）。Teng 等提出了一种长短期记忆神经网络和卷积神经网络相结合的混合模型，结合相邻站点的监测信息对 PM2.5 浓度进行预测，并与单一模型进行对比，结果表明，混合模型具有较高的预测精度[43]。Jiang 等通过使用 CEEMDAN 和深度时间卷积神经网络的混合模型对每小时的 PM2.5 浓度进行预测，预测结果表明，混合模型比单一的预测模型能够取得更好的预测精度[44]。康俊锋等使用 XGBoost 和 LSTM 改进得到的变权组合模型 XGBoost-LSTM 来预测上海市每小时的 PM2.5 浓度，把处理后的数据集分别输入两个模型进行预测，再用基于残差改进的变权组合方法得到最终的预测结果，并选择 XGBoost、LSTM 和 SVR 进行对比实验，结果表明混合模型的预测精度优于单一模型[45]。Zhu 等建立了 CNN-BiLSTM 混合模型预测 PM2.5 浓度，实验结果表明，将目标站点和附近站点的监测数据结合，可以提高预测精度[46]。Kow 等提出了一种融合多卷积神经网络（MCNN）和反向传播神经网络（BPNN）的模型 MCNN-BP，并利用其对测试区 74 个站点进行 PM2.5 浓度预测[47]。Gu 等提出了一种复合 LSTM 模型——GRA-ICEEMD-LSTM 模型，GRA 用来进行变量筛选，ICEEMD 用来处理数据，LSTM 用来预测 PM2.5 浓度，结果表明，复合

LSTM 模型比单一的预测模型精度更高，模型训练时间更短[48]。Kim 等利用韩国首尔、大田和釜山的数据，比较了 LSTM、GRU 和 BiLSTM 模型的 PM2.5 浓度预测性能，结果表明，BiLSTM 在长期预测中具有较高的预测精度[49]。

1.2.3 卷积神经网络研究现状

卷积神经网络(convolutional neural network，简称 CNN)是深度学习中应用最广泛的一种神经网络模型，目前主要应用在计算机视觉和自然语言处理中，如图像识别、物体识别、行为认知、语音识别等。近年来，学者们针对 CNN 的研究主要集中在模型结构优化和应用场景扩展方面。模型结构优化主要包括对 CNN 中的卷积层、池化层、全连接层等模块的设计和改进，以及各种跨层连接方式的探索，如残差连接、密集连接等。随着深度学习理论的提出和计算机硬件设备性能的提升，CNN 的应用范围(例如金融、医疗、环境工程等)越来越广，学者们也在不断尝试将其应用于更多的场景中，以便更好地解决特定问题。CNN 在处理粉尘浓度时序数据等方面的问题时取得了许多研究成果，目前的研究主要集中在改进模型的性能和效率方面。

郭锋等将 CNN 的卷积层和池化层的计算过程映射到独立的计算空间，对图像处理的不同阶段提出优化方案，结果表明，优化之后的神经网络模型运行效率和处理速度都得到了提升[50]。林湧涛等通过 CNN 提取图像特征，并结合 Faster 图像定位识别算法优化模型结构，结果表明，该方法对图像的目标定位识别准确率较高，具有应用价值[51]。吕建东等提出了一种将 CNN 和长短期记忆神经网络融合的 CNN-LSTM 模型，利用图像识别的方式诊断病毒感染，经过验证，CNN-LSTM 模型比传统的 CNN 性能提高 2～10 个百分点[52]。黄治力分析了传统算法在车辆分类检测上存在的缺陷，将 CNN 结构进行优化，建立了 Mask R-CNN 分类模型，实验结果表明，优化后模型的检测分类精度提高 1.4%[53]。王阳在 CNN 中添加了门控循环单元，并结合注意力机制构建了 CNN-GRU-Attention 模型进行语音识别的研究，通过对比实验，结果表明，该模型的语音识别准确率高于传统的高斯混合模型[54]。孙启森等将 CNN 与注意力机制结合建立了一种金融时序数据预测模型，并通过滑动窗口的方式对数据集进行预处理，通过模拟交易实验表明其可以为买入策略提供指导[55]。Cao 等分析了 CNN 的结构参数关系，并建立了基于 CNN 支持向量机的股价预测模型，结果表明，神经网络用于财务预测可以处理连续和分类的预测变量，预测结果较好[56]。Gautam 等利用图像融合和 CNN 构建了新的卷积神经网络模型，并将其用于脑卒中 CT 图像的分类，实验结果表明，改进后的 CNN 模型性能有所提升[57]。Mao 等通过 CNN 来预测每小时的空气污染物(O_3、PM2.5、SO_2)浓度，实验结果表明，CNN 在空气质量预测方面表现良好[58]。Faraji 等建立了基于三维卷积神经网络和门控循环单元的 3D-CNN-GRU 空气质量预测模型，并将其与 LSTM、GRU、ANN、SVR 和 ARIMA 模型进行对比实验，结果表明，3D-CNN-GRU 模型的预测性能较优[59]。

1.2.4 双向长短期记忆神经网络研究现状

双向长短期记忆神经网络(bidirectional long and short term memory neural network，简称 BiLSTM)是一种深度学习模型，它是长短期记忆神经网络(LSTM)的扩展，结合了长短期记忆神经网络和双向循环神经网络的优点，可以同时考虑过去和未来的信息，在语音识别、机器翻译、自然语言处理、生物信息学等领域得到广泛应用。近年来，对于 BiLSTM 的研究主要集中在模型结构优化、应用场景拓展和轻量级模型研究等方面。BiLSTM 在处理时序数据方面的问题的研究主要集中在模型训练优化，针对训练中遇到的问题进行优化，提高预测精度。

邱意等提出了利用 BiLSTM 模型进行民航通话语音识别的方法，首先提取语音的 FBAN-K 特征，然后以 CTC 为目标函数，通过训练得到 BiLSTM/CTC 模型，实验结果表明，该模型可用于民航通话语音识别[60]。余萍等提出了一种基于 HBA 算法、注意力机制和 BiLSTM 算法的 HBA-A-BiLSTM 模型的轴承故障诊断方法，利用 HBA 算法来寻找最优超参数，提高了效率，降低了人工成本，实验结果表明，该模型的故障诊断性能较好，具有很强的泛化性[61]。姚志刚等提出了一种公交站点短时客流的预测方法，首先利用经验模态分解(CEEMDAN)提升原始数据的平稳性，其次利用粒子群算法(PSO)对 BiLSTM 的模型参数进行优化，最后构建了 CEEMDAN-PSO-BiLSTM 模型，并设置了对比实验，研究结果表明，改进的

BiLSTM 模型的预测精度显著提高[62]。何晓霞等提出了一种基于 BERT-BiLSTM-LML 的微博谣言检测模型,该模型在 BiLSTM 模型的基础上添加了 BERT 预训练模块,并结合了终身监督学习算法,经过持续训练后,该模型的谣言检测准确率达到 93.2%[63]。曹洁等提出了一种基于胶囊网络(CapsNet)和深层 BiLSTM 的混合模型用来预测复杂路网交通速度,利用 CapsNet 进一步提取空间特征,并加深了 BiLSTM 的结构深度,实验结果表明,该模型的预测性能优于其他方法[64]。程妍菲等提出一种基于小波变换的 PM2.5 浓度预测模型,该模型利用小波变换提取数据特征,并结合 BiLSTM 和 ARMA 进行预测,实验结果表明,该模型预测性能优于单一模型[65]。Lin 等提出一种基于双层 BiLSTM 的动态滑坡位移预测模型 Double BiLSTM,该模型和 BiLSTM 相比,结构更深,拥有更多的神经元,实验结果表明,该模型的预测性能优于传统预测方法[66]。Kim 等构建了一种基于一维 CNN 和 BiLSTM 的混合模型来预测韩国济州岛峰值电力需求和系统边际价格,结果表明,该模型预测效果较好,具有一定的应用价值[67]。

1.2.5 注意力机制研究现状

注意力机制(attention mechanism)作为一种资源分配方案,将有限的计算资源用来处理更重要的信息,是解决信息超载问题的主要手段。为了充分利用数据中不同时刻的差异性,提取更多的有价值信息,研究学者在神经网络的预测过程中引入了注意力机制。这种机制可以根据数据的差异性给不同时刻的数据赋予不同的权重,从而在预测中更加准确地捕获数据中的隐含信息。传统神经网络因为无法考虑不同时刻以及不同影响因素对预测结果的影响,无法准确提取数据中更多的信息,因此引入注意力机制则可以弥补这种不足。目前注意力机制已经应用在了很多领域,如图像处理、自然语言处理、时序数据预测等,学者也将其与深度学习模型结合,在保证较高精度的同时,提高了运算效率,也弥补了传统深度学习模型在特征提取方面的缺陷。近年来,学者对于注意力机制的研究主要集中在应用领域的扩展和多模态注意力机制的应用方面,将其作为一种辅助模块来提升深度学习模型的预测性能,有研究[68-71]在深度学习模型的基础上引入注意力机制,使模型的性能更优。目前注意力机制是深度学习领域的研究热点之一,未来具有很大的发展潜力和研究空间。

综上所述，深度学习虽然属于机器学习中的一个分支，但两者之间还是存在许多差异的，两者最主要的区别在于深度学习模型的性能随着数据量的增加也不断增强。深度学习模型的结构特性使其适用于数据量较大的情况。数据越多，它能获取的特征信息就越多，模型性能也就越好，如本书研究的露天煤矿道路粉尘浓度预测问题就属于这种情况，而机器学习在数据量较小的情况下模型性能会更优。还有一个很重要的区别在于机器学习比深度学习更具有可解释性，机器学习的学习过程以及输出最终结果的方式，在整个计算过程中都能看到，就像决策树这个机器学习算法，它已经明确给出了运算规则，便于理解其决策结果。对于深度学习而言，从数学的角度上看，我们可以知道哪个神经元被激活了，但无法把从输入到输出的整个过程明确地用某个数学公式表示出来。另外，深度学习对硬件要求较高，具有依赖性，需要有 GPU 来高效优化运算，同时由于深度学习模型需要大量的数据且计算的层次较多，模型的训练时间也会比较长。但是这些并不影响深度学习模型的性能，众多学者的研究已经证明了深度学习模型的性能，因此，对于露天煤矿道路粉尘浓度这种影响因素众多、数据量较大的非线性时间序列数据，更适合用深度学习模型来进行预测。

目前，无论是针对露天煤矿粉尘浓度预测还是特定城市和区域的 PM2.5 浓度预测，学者们的研究都已经从单一的神经网络模型逐渐发展到了混合模型，众多研究结果也证明混合模型的预测精度优于单一模型。选择混合模型主要有以下两个原因。首先，在一个复杂场景中产生的时间序列数据不仅仅包含一种数据特征，而是多种特征交织在一起，像线性、非线性、周期性等数据特征，单一的预测模型只能获取整个时间序列数据中的某个单一特征，无法全方位地获取数据特征，导致预测精度降低。其次，在处理某一个具体问题时，选定了一种方法之后做了大量的实验，却发现该方法仅仅适用于这一个问题，再换另一个问题时，这个方法就不适用了。每个单一的预测模型都有自己的偏重点和擅长处理的方面，因此用单一模型进行预测时无法得到想要的预测精度，所以结合不同模型的优点，用混合模型来解决问题，在通常情况下比单一模型具有更小的预测误差。对于粉尘浓度来说，影响因素有很多，但每个影响因素对粉尘浓度变化的影响程度是不同的，目前大多数基于 CNN 和 LSTM 的预测方法并没有考虑这一点。所以可以通过引入注意力机制来获取过去不同时刻的变量特征对未来粉尘浓度的影响程度。

因此,本书提出了一种基于 Keras 框架的 CNN-BiLSTM-Attention 混合模型,并用此模型对露天煤矿道路粉尘浓度进行预测。Keras 可以轻松定义和训练多种类型的深度学习模型[72],CNN 可以从输入变量中提取有效的特征信息[73],BiLSTM 作为 LSTM 的变体,不仅可以解决循环神经网络梯度消失或梯度爆炸的问题,还能从数据的正向(从左向右)和反向(从右向左)同时获取数据信息,有效地利用未来和过去的特征[74],同时引入注意力机制分析所有特征的重要性,并赋予相应的权重,得到不同特征对粉尘浓度影响的比重[75],最终得到预测结果。该混合模型将各个算法的特点和优势结合起来,从而达到提高预测精度的目的,更好地满足实际预测的需要。

1.3 研究内容及技术路线

1.3.1 研究内容

本书以某露天煤矿 2020 年 1 月 1 日至 2021 年 12 月 31 日的每小时空气质量数据和气象数据为基础,分析了影响露天煤矿道路粉尘浓度变化的多种因素,建立基于深度学习人工神经网络的露天煤矿道路粉尘浓度多元混合预测模型。本书根据建立的模型设计预测露天煤矿道路粉尘浓度的实验方案,并设置对比模型,验证本书所设计模型性能的优越性,最后通过现场实测数据验证该多元混合预测模型的可行性。具体研究内容如下所述。

1.3.1.1 露天煤矿道路粉尘浓度预测模型理论分析

介绍了本书所建立的预测模型的基本理论知识,从时间序列预测方法、预测模型的结构构造、预测模型的实现原理、预测模型的计算过程和预测模型的优化等五个方面对预测模型进行了一个全面的分析,为后面的研究建立理论基础。

1.3.1.2 数据处理分析

对实验数据进行预处理,分析露天煤矿道路粉尘浓度影响因素,并通过皮尔逊(Pearson)相关性检验分析大量历史数据，得到粉尘浓度与各个影响因素的相关关系，从而确定影响露天煤矿道路粉尘浓度变化的关键因素。然后将数据集划分为训练集、验证集和测试集，根据数据变化周期设置不同的模型输入、输出大小，并将训练集数据按照“特征参数-标签”对应的形式生成训练样本，根据不同的预测时间步长，利用滑动时间窗口的方式设置数据样本为多维单步预测样本或多维多步预测样本。

1.3.1.3 构建露天煤矿道路粉尘浓度预测模型

建立由多元数据驱动的深度学习人工神经网络混合模型，基于 Keras 框架将卷积神经网络、双向长短期记忆神经网络和注意力机制结合起来，构建露天煤矿道路粉尘浓度预测模型。

1.3.1.4 露天煤矿道路粉尘浓度预测实验

首先，通过大量的实验确定模型的最优超参数，构建并行和串行两种结构的露天煤矿道路粉尘浓度预测模型进行对比实验，基于不同的模型输入、输出大小来比较两种结构的混合模型性能，选出最优结构的模型和最优的模型输入、输出大小。设置不同时间步长的短期预测和长期预测实验，通过验证集数据检验本书所提出的预测模型的性能，分析在不同时间步长下的预测性能。其次，选取传统回归模型、机器学习模型、单一深度学习模型和混合深度学习模型，用相同的数据集进行实验，分别为 Lasso 回归、SVR、XGBoost、LSTM、BiLSTM、CNN-LSTM、CNN-BiLSTM、CNN-BiLSTM-Attention 模型，在将所有模型的超参数调整到最优的前提下进行对比实验，验证本书提出的模型的优越性。模型训练和测试完成后，通过现场实测数据对预测模型的性能进行检验，验证模型的预测性能和预测方案的可行性。

1.3.2 技术路线

本书的技术路线主要围绕“多变量”和“混合模型”两个基本点展开，“多变量”即多种影响因素，“混合模型”即由多种模型构建而成。本书整体的研究工作按照数据分析与处理→露天煤矿道路粉尘浓度影响因素分析→多元混合模型构建→预测实验设计→方案实测验证的基本逻辑进行。技术路线见图 1-1。

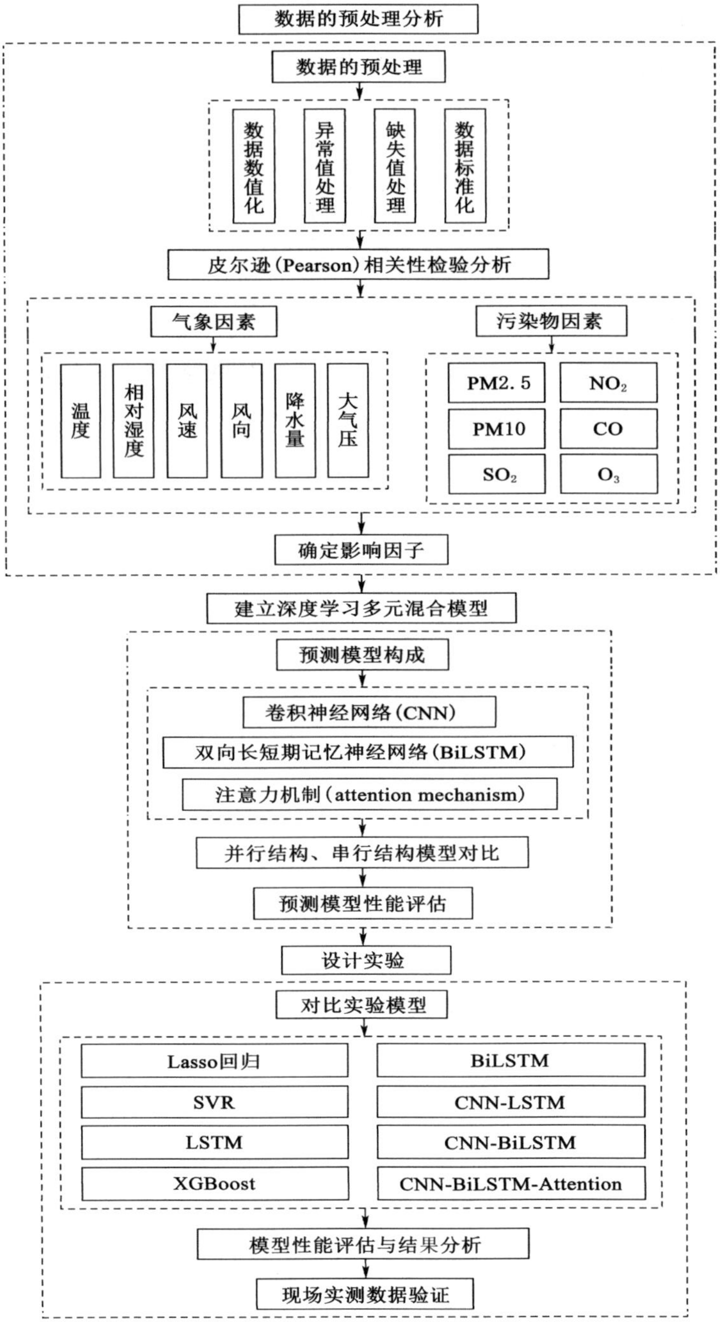
数据的预处理分析
数据的预处理
数据数值化
异常值处理
缺失值处理
数据标准化
皮尔逊(Pearson)相关性检验分析
气象因素
污染物因素
温度
相对湿度
风速
风向
降水量
大气压
PM2.5
NO_2
PM10
CO
SO_2
O_3
确定影响因子
建立深度学习多元混合模型
预测模型构成
卷积神经网络(CNN)
双向长短期记忆神经网络(BiLSTM)
注意力机制(attention mechanism)
并行结构、串行结构模型对比
预测模型性能评估
设计实验
对比实验模型
Lasso回归
BiLSTM
SVR
CNN-LSTM
LSTM
CNN-BiLSTM
XGBoost
CNN-BiLSTM-Attention
模型性能评估与结果分析
现场实测数据验证

图 1-1　技术路线

2 露天煤矿粉尘概述及数据处理分析

2.1 露天煤矿粉尘概述

本书的研究对象是粉尘。粉尘指的是在空气中悬浮的固体微粒，在露天煤矿中，粒径小于 100 μm 的固体悬浮物定义为粉尘[76]。

2.1.1 粉尘分类

粉尘按照粒径的大小可分为 PM2.5、PM10 和 TSP，PM2.5 和 PM10 为飘尘，粒径大于 10 μm 的 TSP 为降尘。

PM2.5 指的是空气动力学当量直径小于或等于 2.5 μm 的颗粒物，也被称作细颗粒物或可入肺颗粒物。PM2.5 由于粒径较小，所以能够长时间悬浮在空气中，容易附带有害物质，会进入人体的肺泡中，对人体的健康和空气质量的影响较大。PM10 指的是空气动力学当量直径小于或等于 10 μm 的颗粒物，也被称作可吸入颗粒物。由于粒径较小，PM10 会长期地飘浮在大气中，能够被人直接吸入呼吸道，对人体造成危害。TSP 指的是空气动力学当量直径小于或等于 100 μm 的颗粒物，也被称作总悬浮颗粒物，包括 PM2.5 和 PM10[77]。大气中粒径大于 10 μm 的颗粒物在重力的作用下会在短时间内沉降到地表，在外界条件的作用下会经历扬起到沉降、再由沉降到扬起的过程。

相关研究表明，PM2.5、PM10 和 TSP 之间存在包含关系，PM2.5 占 PM10 的 50%～70%，PM10 占 TSP 的 60%～80%[78]。由于 PM2.5 和 PM10 粒径较小，对人体危害更大，因此选定 PM2.5 和 PM10 为重要的指标。

2.1.2 露天煤矿粉尘的危害

露天煤矿粉尘的危害主要有以下四个方面。

2.1.2.1 危害作业人员身体健康

粉尘对人体的危害有很多，当作业人员长期处于高浓度的粉尘环境中时，轻则会引起咽喉不适、呼吸道感染等疾病，重则甚至会导致中毒、感染、免疫系统受损、心脑血管受损等不良情况，PM2.5 由于粒径小，非常容易进入肺部，对人体的危害较大[79]。

2.1.2.2 加速作业设备损耗

当粉尘进入机械设备内部时，容易加剧机械磨损程度，缩短精密仪器的使用寿命，增加维护设备的费用和生产成本，同时也会影响传感器的灵敏度，使其无法正常工作，提高损坏率。当前矿山机械化、自动化的水平不断提高，粉尘对机械设备造成的影响会越来越突出。

2.1.2.3 影响正常生产

当粉尘浓度较高时，会导致能见度下降，PM2.5 是造成能见度降低的主要原因，研究表明，当粉尘浓度达到 0.1 $\mu g/m^3$ 时会对能见度产生影响，而且在露天煤矿的颗粒物中，炭黑可以吸收大量的可见光，和其他场所相比，在同样浓度的粉尘环境中，露天煤矿的能见度受到的影响更大[80]。在能见度降低的情况下，作业人员可能会因为视野受到影响而发生事故，特别是对行车安全造成很大的影响，导致行驶速度减慢，甚至会发生交通事故，影响露天煤矿的安全生产和作业效率。在一定条件下，飘浮在空气中的粉尘还可能会发生爆炸，造成无法挽回的损失。

2.1.2.4 对矿区环境和周边地区造成污染

我国露天煤矿主要分布在内蒙古、新疆、山西等地区，这些地区降水量少，气候干燥，大规模的开采活动产生的粉尘量较大，对矿区环境的影响非常大，同时也会影响到矿区周边的生态环境及居民的正常生活，当粉尘浓度较高、飘散到植物表面时，会影响植物的光合作用，降低农作物的产量。相关研究表明，我国西北部地区的部分露天煤矿已经成为局部沙尘暴的源头之一[81]。

2.1.3 露天煤矿粉尘主要来源

在露天煤矿的开采过程中，各个工序都会产生粉尘，粉尘主要来源于穿孔、爆破、采装、运输、排土等环节[82]。露天煤矿粉尘来源见图 2-1。

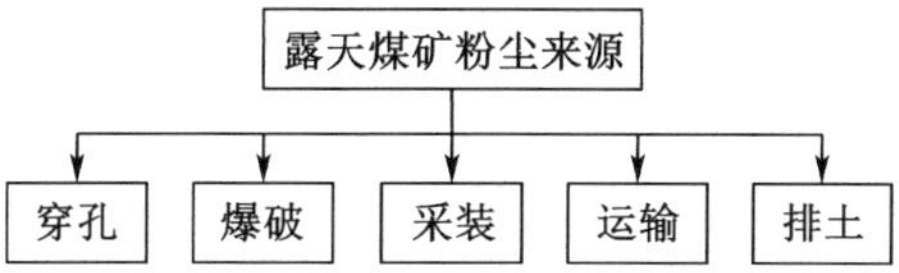

图 2-1 露天煤矿粉尘来源

国内有关实测资料表明，除爆破产尘外，各工艺设备产尘量与总产尘量的比例依次为：运输设备 91.33%，穿孔设备 6.30%，装载设备 1.19%，推土设备 0.61%，凿岩设备 0.57%[83]。露天煤矿各工艺设备产尘量占比见图 2-2。其中，“其他”包含穿孔设备、装载设备、推土设备和凿岩设备。

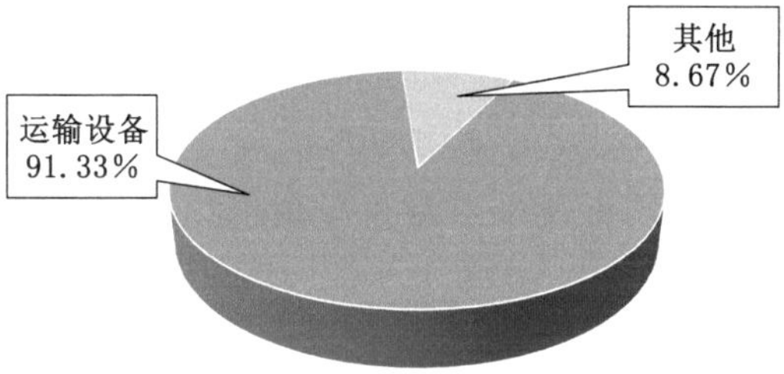

图 2-2 露天煤矿各工艺设备产尘量占比

由图 2-2 可知，除爆破作业产尘外，露天煤矿的粉尘大部分来源于运输设备。爆破作业会瞬间使空气中的粉尘浓度增加，但形成的高浓度粉尘悬浮在空气中的时间很短，具有瞬时性，可在特定的时间、特定的地点进行针对性地降尘处理，如钻孔、装载等工序均可看作点源式产尘，采取降尘措施后，工作地点的粉尘浓度相对较小，且易于控制。露天煤矿道路产生的粉尘主要来源于道路本身和运输设备，露天煤矿道路一般为砂石路面，当运输车辆经过时会产生大量扬尘，运输过程中从卡车料斗内也会飘散出大量矿岩粉尘，在露天煤矿的生产过程中，露天煤矿道路时刻在产生粉尘[84]。因此，对于治理整个露天煤矿的粉尘污染问题，应着重从露天煤矿运输道路入手。

2.1.4 露天煤矿道路粉尘浓度影响因素

露天煤矿道路粉尘浓度的影响因素主要有地理环境因素、人为因素和自然因素。地理环境因素主要包括露天煤矿的地理位置、露天煤矿道路所处位置和道路构造。人为因素主要包括行驶的运输车辆造成的扬尘和人为的洒水降尘等措施。自然因素主要包括空气中的污染物和气象条件。地理环境因素一般不会发生太大的变化，可以看作固定的因素。人为因素具有不确定性，且相关影响因素无法形成完整的时间序列。地理环境因素和人为因素对粉尘浓度的影响直接反映在粉尘浓度的数据变化中。自然因素是不断发生变化的，这种变化也时刻影响着粉尘浓度的变化。有研究表明，露天煤矿内粉尘聚集主要受到逆温现象的影响。由于露天煤矿特有的地形地貌特征，在露天煤矿上部经常会出现逆温层，粉尘无法扩散到矿坑外，粉尘浓度升高。风速、温度和臭氧都会影响逆温层的形成，从而影响粉尘的浓度变化。大气中的气态污染物（硫和氮的氧化物）通过多种化学和物理过程能够二次生成 PM2.5，这些因素的变化随时影响着粉尘浓度的变化[85]。本书主要从自然因素方面对露天煤矿道路粉尘浓度预测进行研究。

2.2 实验数据

由于深度学习模型的训练需要大量的数据，原始数据的单位时间跨度决定预测周期的长短，为了实现短期预测和长期预测，本章训练模型的数据集为某露天煤矿 2020 年 1 月 1 日至 2021 年 12 月 31 日的每小时空气质量数据和气象数据，一共 17 520 组数据，每组数据包括 12 类因子，分别为 PM2.5、PM10、SO_2、NO_2、CO、O_3、温度、相对湿度、风速、风向、降水量和大气压。模型训练完成后，利用粉尘检测设备的实测数据对模型性能进行检验。表 2-1 为原始数据集包含的变量，图 2-3 为部分样本数据，图 2-4 为各变量的原始数据时间序列。

表 2-1　原始数据集包含的变量

污染物数据	单位	气象数据	单位
PM2.5	μg/m³	温度	℃
PM10	μg/m³	相对湿度	%RH
SO_2	μg/m³	风速	m/s
NO_2	μg/m³	风向	—
CO	mg/m³	降水量	mm
O_3	μg/m³	大气压	kPa

	PM2.5(μg/m³)	PM10(μg/m³)	SO_2(μg/m³)	NO_2(μg/m³)	O_3(μg/m³)	CO(mg/m³)	温度(℃)	大气压(Kpa)	相对湿度(%)	风向	风速(m/s)	降水(mm)
2020-01-01 00:00:00	82.20	118.20	40.20	39.20	19.60	2.02	-17.4	100.95	69	159/SSE	0.5	0.0
2020-01-01 01:00:00	71.60	102.00	39.80	38.20	19.80	2.00	-17.4	100.94	70	230/SW	0.7	0.0
2020-01-01 02:00:00	50.20	95.60	27.80	35.80	19.80	1.60	-15.8	100.99	60	357/N	1.2	0.0
2020-01-01 03:00:00	39.00	67.20	32.20	33.60	22.20	1.26	-14.8	101.03	62	266/W	1.3	0.0
2020-01-01 04:00:00	34.00	66.60	26.00	34.40	21.20	1.18	-17.2	101.03	67	303/WNW	0.7	0.0
2020-01-01 05:00:00	39.00	71.40	19.60	34.60	20.00	0.94	-18.6	101.03	70	26/NNE	1.7	0.0
2020-01-01 06:00:00	34.60	61.40	27.80	34.20	19.00	0.94	-19.2	101.08	71	351/N	0.5	0.0
2020-01-01 07:00:00	38.60	74.80	37.00	33.60	19.80	0.98	-19.7	101.11	72	0/N	0.1	0.0
2020-01-01 08:00:00	49.20	76.60	32.40	34.60	20.80	1.36	-19.9	101.18	75	340/NNW	0.8	0.0
2020-01-01 09:00:00	78.20	96.00	49.80	36.80	24.80	2.02	-15.8	101.23	65	9/N	0.7	0.0
2020-01-01 10:00:00	109.00	159.25	74.80	37.60	29.60	2.32	-11.5	101.23	54	315/NW	0.6	0.0
2020-01-01 11:00:00	79.40	144.60	74.20	31.40	42.40	1.50	-8.1	101.17	35	88/E	0.7	0.0
2020-01-01 12:00:00	35.20	96.60	52.20	22.50	53.80	0.80	-6.8	101.09	32	207/SSW	1.6	0.0
2020-01-01 13:00:00	26.20	72.60	27.40	18.80	58.75	0.66	-5.9	101.03	30	215/SW	2.0	0.0
2020-01-01 14:00:00	21.40	59.60	18.00	14.20	68.20	0.50	-5.0	101.03	28	244/WSW	2.7	0.0
2020-01-01 15:00:00	20.80	52.60	18.00	13.00	67.00	0.48	-4.4	101	27	247/WSW	2.3	0.0
2020-01-01 16:00:00	22.40	58.20	18.40	18.60	78.60	0.48	-4.8	101	30	298/WNW	1.1	0.0
2020-01-01 17:00:00	49.60	63.25	31.40	33.60	48.00	0.68	-8.1	100.99	43	48/NE	3.0	0.0
2020-01-01 18:00:00	95.00	172.00	76.20	49.20	34.00	1.32	-11.4	101	59	40/NE	2.7	0.0
2020-01-01 19:00:00	107.60	177.60	77.40	44.40	33.80	1.20	-12.4	101	62	17/NNE	3.4	0.0
2020-01-01 20:00:00	92.60	139.00	64.00	37.00	38.60	1.06	-13.6	101.04	65	26/NNE	1.9	0.0
2020-01-01 21:00:00	72.20	107.40	53.80	34.40	42.25	0.98	-15.0	101.05	67	31/NNE	1.1	0.0
2020-01-01 22:00:00	76.60	110.80	59.00	39.75	35.25	1.22	-17.1	101.07	73	34/NE	1.0	0.0
2020-01-01 23:00:00	89.60	115.80	44.20	44.00	25.60	1.84	-18.2	101.04	76	340/NNW	0.7	0.0
2020-01-02 00:00:00	90.40	123.20	41.80	46.40	19.20	1.72	-18.3	100.97	76	77/ENE	0.5	0.0

图 2-3　部分样本数据

如图 2-4 所示，横坐标表示从 2020 年 1 月 1 日至 2021 年 12 月 31 日以小时为单位的数据，纵坐标表示各个变量的数值。从图 2-4 中可以看出，温度的数值呈非常明显的周期性变化，SO_2、NO_2、CO 和 O_3 的浓度，相对湿度和风速也存在一定的周期性变化，因此可以根据周期变化的时间长度来确定预测模型输入变量的长度，在一定程度上可以提高模型的预测精度。但从图 2-4 中可以看出数据集中存在缺失值和异常值，所以需要对这些数据进行预处理，提高样本数据的质量，只有这样才能得到变量精确的变化周期，同时这也是对数据进行进一步分析的前提。

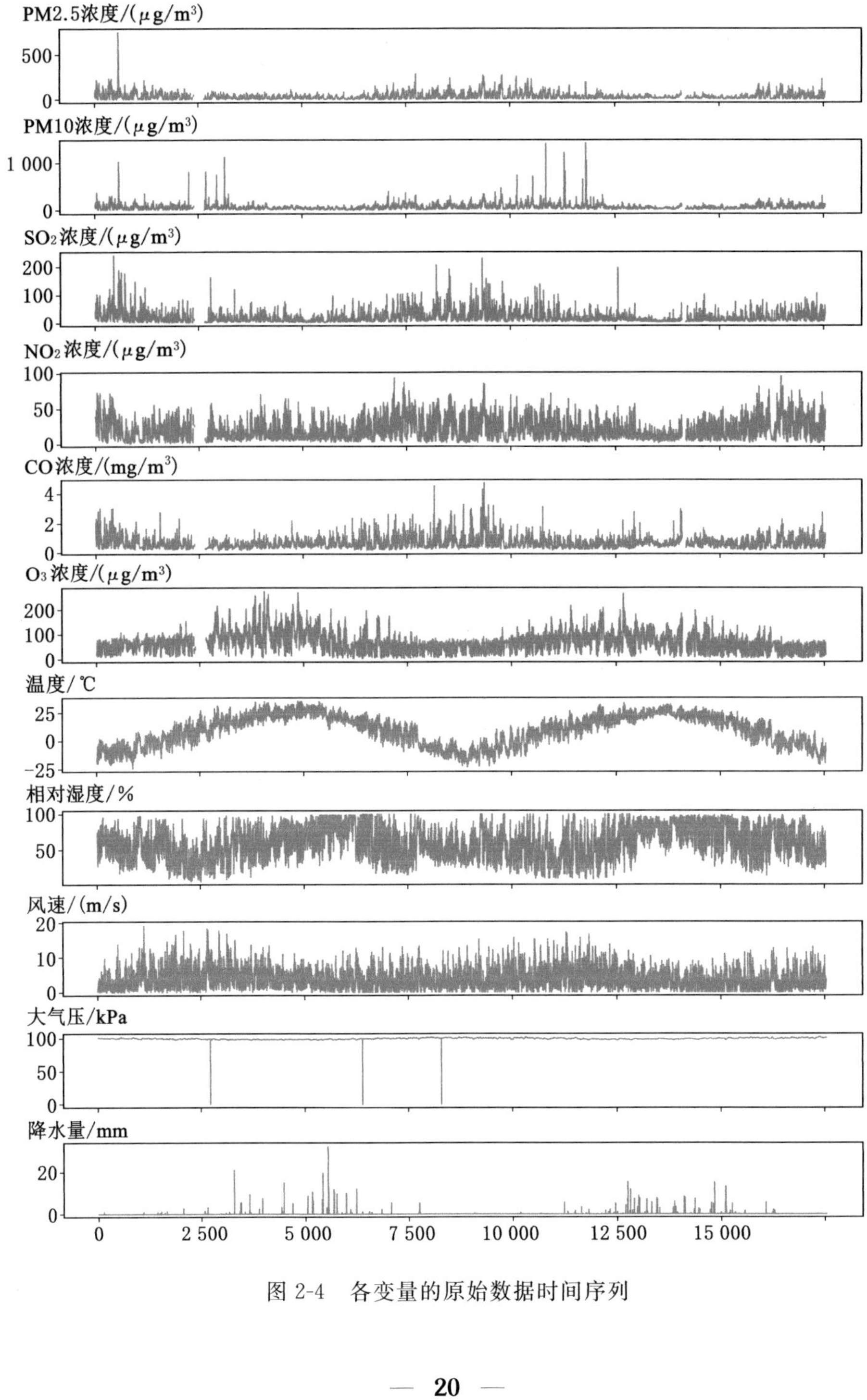

图 2-4　各变量的原始数据时间序列

2.3 数据预处理及数据集划分

对于数据分析和预测模型的建立来说，数据预处理是非常重要的。数据预处理是指在使用数据之前对原始数据进行处理，需要对原始数据进行清洗、转换、统一等操作，将其规范化。样本数据是模型训练的核心，数据的质量决定了模型训练效果的上限。如果数据存在缺失值、异常值、数据的量级不同等问题，都会导致模型训练的失败。针对本书研究的问题，数据预处理主要从数据数值化、缺失值处理、异常值处理和数据标准化等四个方面进行。

2.3.1 数据预处理

2.3.1.1 数据数值化

数据是训练模型的基础，但在深度学习模型的训练中，只有数值型的数据才能满足算法模型的计算要求，因此需要将不具备显式数值特征的数据进行数值化转换。如果本章数据集中的风向为非数值型数据，则需要将其进行数值化处理，将风向的 16 个方位按照顺时针的方向用角度范围来表示，风向的数值化表示见表 2-2。

表 2-2 风向的数值化表示

风向方位	符号	中心角度/(°)	角度范围/(°)
北	N	0.0	348.76～11.25
北东北	NNE	22.5	11.26～33.75
东北	NE	45.0	33.76～56.25
东东北	ENE	67.5	56.26～78.75
东	E	90.0	78.76～101.25
东东南	ESE	112.5	101.26～123.75
东南	SE	135.0	123.76～146.25
南东南	SSE	157.5	146.26～168.75

表 2-2（续）

风向方位	符号	中心角度/(°)	角度范围/(°)
南	S	180.0	168.76～191.25
南西南	SSW	202.5	191.26～213.75
西南	SW	225.0	213.76～236.25
西西南	WSW	247.5	236.26～258.75
西	W	270.0	258.76～281.25
西西北	WNW	295.5	281.26～303.75
西北	NW	315.0	303.76～326.25
北西北	NNW	337.5	326.26～348.75

2.3.1.2 缺失值处理

在数据的采集过程中，可能会因为传感器的故障、网络问题、数据存储失败和外部恶劣天气等不可控因素造成数据的缺失和异常，导致数据样本质量下降，从而影响进一步的数据分析和模型训练。

对于数据中的缺失值，需要找到缺失值的位置，并对其进行处理，对于缺失值的处理总体上有两个方向，分别为缺失值删除和缺失值填充。如果缺失值只是个别存在且数据样本数量较大，可直接将缺失值删除；如果缺失值的数量较多，则不适合用删除法，大量删除会导致丢失许多隐藏在这些对象上的信息，严重影响数据的客观性。缺失值填充主要包括人工填充、固定值填充和平均值填充等。人工填充根据对数据的了解进行人为的补充，但需要耗费大量精力和时间。本章的数据属于自然数据，人为干预的主观性较大，对于本章的数据类型不适用。固定值填充，即选择一个固定的数据对缺失值进行填充，但对于时间序列数据来说，缺失值存在的时刻无任何规律可循，因此无法根据任何信息去确定一个固定值。平均值填充，即通过计算缺失值附近数据的平均值，用该值进行填充。

本章的数据集中各个时刻、各个变量的数据之间都存在一定的关联性，结合不同方法的特点和本章样本数据的特点，最终选择用平均值填充法，通过 Python 软件将数据集中的缺失值用 NaN 值填充，并计算缺失值前后数据的平均值，在缺失值的位置用该平均值进行填充。

2.3.1.3 异常值处理

在原始样本数据中会出现一些与总体数据相差较大的值，即离群值，又称异常值。对于异常值的处理，可以通过箱线图来检测异常值。箱线图由5个数值点构成，分别是最小观察值、第一四分位数（Q_1）、第二四分位数（Q_2，即中位数）、第三四分位数（Q_3）、最大观察值，Q_1、Q_2、Q_3 分别为该样本数据中所有数值按从小到大排列后的25%、50%和75%的数字，小于 $Q_1-1.5(Q_3-Q_1)$ 或大于 $Q_3+1.5(Q_3-Q_1)$ 的值即为异常值。图2-5为箱线图。

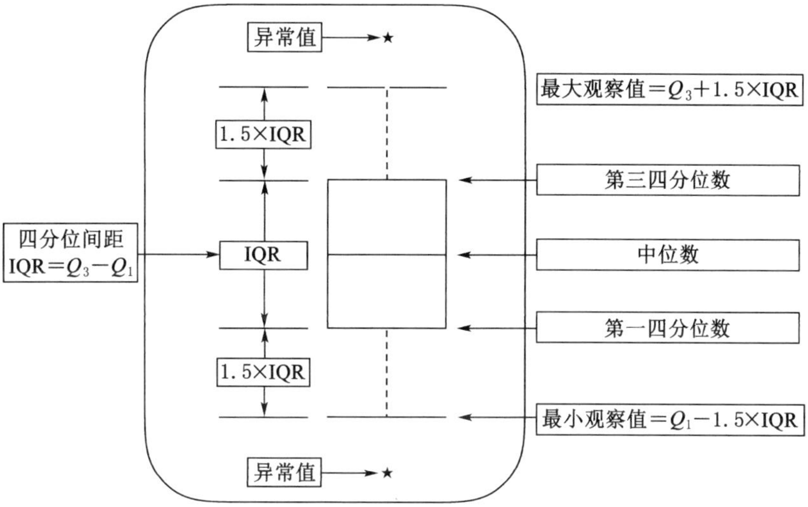

图2-5 箱线图

通过箱线图将异常值筛选出来之后，需要对其进一步处理，处理方法与缺失值处理方法相似。由于本章样本数据为时间序列数据，经综合考虑，根据异常值相邻数据的均值来进行修正。

2.3.1.4 数据标准化

本章的深度学习模型是基于多变量数据建立的，在模型训练过程中需要综合不同变量的特征信息，每个变量所代表的含义不同，通常具有不同的量纲和数量级。如果直接使用原始数据训练模型，数据值较高的变量会突出其在模型训练中的作用，数据值较低的数据在模型训练中的作用会被削弱，最终影响模型的训练。例如，从图 2-3 中可以看出以下内容。

第一，样本数据中各变量的单位是不同的，如一氧化碳的单位是 mg/m^3，其他污染物变量的单位是 $\mu g/m^3$。

第二，数据集中变量的量纲不统一，如温度的量纲是℃，相对湿度的量纲是百分比。

第三，不同变量的数据值相差较大，如 2020 年 1 月 1 日 19 时，PM2.5 的数值为 107.60，而 CO 的数值是 1.20，数值相差较大。

因此，为了保证训练出一个健壮的模型，提高模型预测的准确率，需要对原始数据进行标准化（归一化）处理，将所有数据转换为无量纲化的指标评测值，使所有数据都位于同样的数量级上。常用的数据标准化方法有 Min-Max 标准化和 Z-Score 标准化。

（1）Min-Max 标准化

Min-Max 标准化通过对原始数据进行线性变换，将原始数据映射到 [0,1] 的范围内，变换公式如下：

$$x^* = \frac{x - \min x}{\max x - \min x} \tag{2-1}$$

式中，$\min x$ 代表原始数据的最小值，$\max x$ 代表原始数据的最大值。该方法存在的缺点是当有新的数据加入数据集时，可能会引起原始数据中最小、最大值的变化，因此需更新 $\min x$ 和 $\max x$ 的值。

（2）Z-Score 标准化

Z-Score 标准化是利用原始数据的均值和标准差对数据进行标准化处理，将原始数据转换为均值为 0，方差为 1，且无量纲的形式。具体转换过程如下：

$$\mu = \frac{1}{n}\sum_{i=1}^{n} x_i \tag{2-2}$$

$$\sigma = \sqrt{\frac{1}{n}\sum_{i=1}^{n}(x_i - \mu)^2} \tag{2-3}$$

$$z_i = \frac{x_i - \mu}{\sigma} \tag{2-4}$$

式中，μ 为均值，σ 为数据标准差，z_i 为转换后的数据。

2.3.2 数据集的划分

在模型训练前，需要将预处理之后的数据集按比例进行划分。如果将全部的数据用来训练模型，可能会导致训练过拟合，所以将数据集按照 8∶1∶1 的比例划分为训练集、验证集和测试集。用训练集来训练模型，用验证集来验证模型；根据结果来调整超参数，不断调整模型，通过验证误差找到一个最优的模型；选取当前的超参数和模型各项设置，将验证集的数据加入训练集中组成一个新的训练集，训练出一个新的模型；用测试集来评估模型的性能。

2.4 相关性分析

预测本质上是寻找变量间的一种“关系”，通过训练模型建立“关系”，然后基于已知的变量利用“关系”去进行预测。要训练一个健壮、高效的预测模型，除了需要大量的样本数据，还需要选取对粉尘浓度变化有影响的变量。变量的选取对模型的预测精度有很大的影响，所以要分析粉尘浓度和其他变量之间的相关性，筛选出与粉尘浓度变化有关联的变量。因此，需要对各个变量进行相关性分析，相关性分析是指对两个或多个变量的相关程度进行定量描述，通过直观的方式反映出变量之间的相关性。相关性分析的基本步骤为：① 绘制散点图；② 选择相关性系数类别；③ 计算相关性系数；④ 显著性检验；⑤ 进行判断。

本章通过图表相关性分析和 Pearson 相关性系数相结合的方式来分析变量之间的相关性，首先绘制散点图并添加线性趋势线获取变量间的相关性情况，然后计算相关性系数，基于数值精确地反映不同变量间的相关程度。

2.4.1 Pearson 相关性分析

Pearson 相关性系数广泛用于分析两个变量之间的相关程度及方向，计算公式如下：

$$r = \frac{\mathrm{cov}(x,y)}{\sigma_x \sigma_y} = \frac{\sum_{i=1}^{n}(x_i - \bar{x})(y_i - \bar{y})}{\sqrt{\sum_{i=1}^{n}(x_i - \bar{x})^2 \sum_{i=1}^{n}(y_i - \bar{y})^2}} \tag{2-5}$$

式中，x_i、y_i 为样本值，$\bar{x}$、$\bar{y}$ 为样本平均值，r 为反映变量间相关性的统计指标。相关性系数 r 的取值范围是[−1,1]，当 r 的绝对值越接近 1 时，说明两个变量间的相关性越强；当 r 为 0 时，说明两个变量间不存在相关性。若 $r>0$，则变量间存在正相关关系；若 $r<0$，则变量间存在负相关关系。相关关系的强弱对照见表 2-3。

表 2-3　相关关系强弱对照表

相关性系数$\lvert r\rvert$	相关关系强度
0.80～1.00	极强相关
0.60～0.79	强相关
0.40～0.59	中等强度相关
0.20～0.39	弱相关
0.00～0.19	极弱相关或不相关

图 2-6 为 PM2.5 和 PM10 浓度的散点线性拟合图。从图 2-6 中可以直观地看出，PM2.5 与 PM10 浓度之间存在极强的相关性，并且是正相关关系。

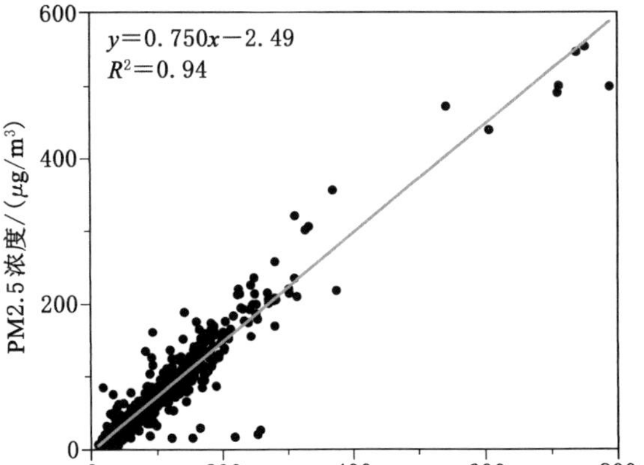

图 2-6　PM2.5 与 PM10 浓度散点线性拟合图

然后利用 Python 软件绘制热力图得到 PM2.5 和 PM10 浓度之间的 Pearson 相关性系数，热力图见图 2-7。

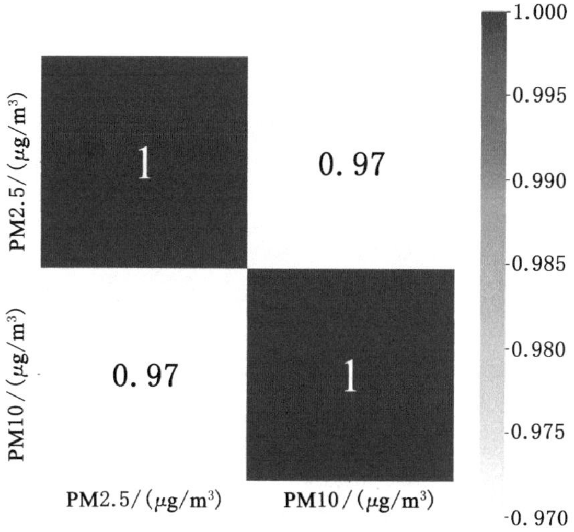

图 2-7 PM2.5 与 PM10 浓度的相关性系数热力图

通过绘制热力图，得到 PM2.5 与 PM10 浓度的相关性系数为 0.97，同时对其进行显著性检验，判断其是否具有统计学意义。通常用 P 值进行检验决策，利用 SPSS 软件进行运算，得到结果为 $P<0.01$，表示在 0.01 级别（双尾）相关性显著，并结合表 2-3 和图 2-7，说明 PM2.5 与 PM10 浓度之间存在显著的正相关关系，相关性极强。同时，有文献研究结果表明，PM2.5 与 PM10 之间存在包含关系，PM2.5 占 PM10 的 50%～70%。因此，在后续的分析及模型训练中，粉尘浓度以 PM2.5 浓度为例。

2.4.2 PM2.5 与污染物因素的相关性分析

PM2.5 的来源主要分为两方面：一次来源和二次来源。一次来源分为自然排放源和人为排放源。自然排放源包括风尘、自然界的一些灾害事件等，人为排放源包括燃料燃烧、工业性粉尘、机动车尾气、道路扬尘等。二次来源即二次生成的 PM2.5，在大气中的气态污染物会通过多种物理和化学过程二次生成细颗粒物，硫和氮的氧化物通过一系列化学反应转化为

PM2.5,因此 PM2.5 的浓度与空气中的其他污染物存在一定的转化关系。下面对 PM2.5 浓度与 SO_2、NO_2、CO、O_3 等 4 种污染物浓度间的相关性进行分析。绘制出 PM2.5 与各污染物浓度的散点图,并添加线性趋势线。PM2.5 与 SO_2、NO_2、CO、O_3 浓度散点线性拟合图见图 2-8。

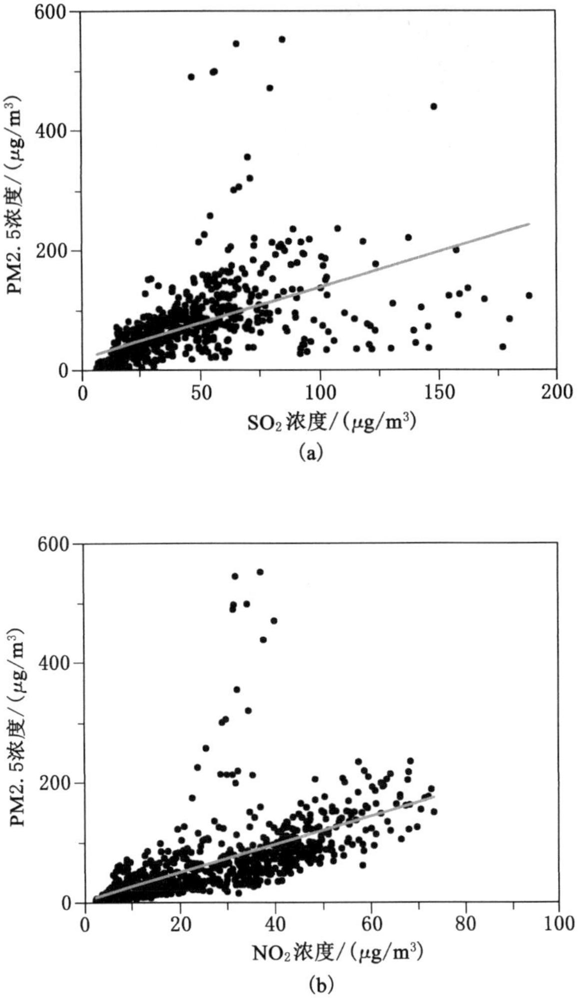

图 2-8 PM2.5 与 SO_2、NO_2、CO、O_3 浓度散点线性拟合图

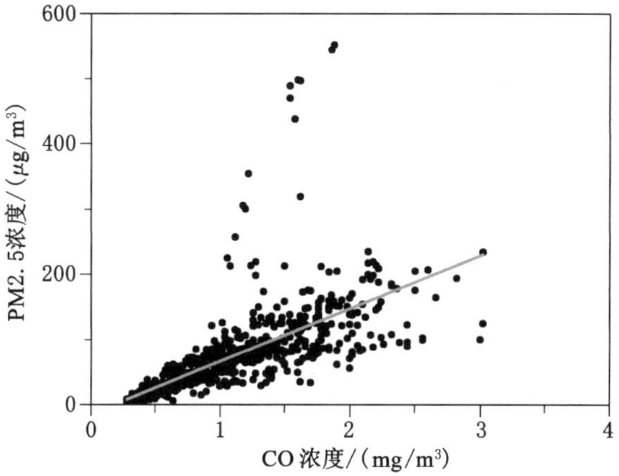

(c)

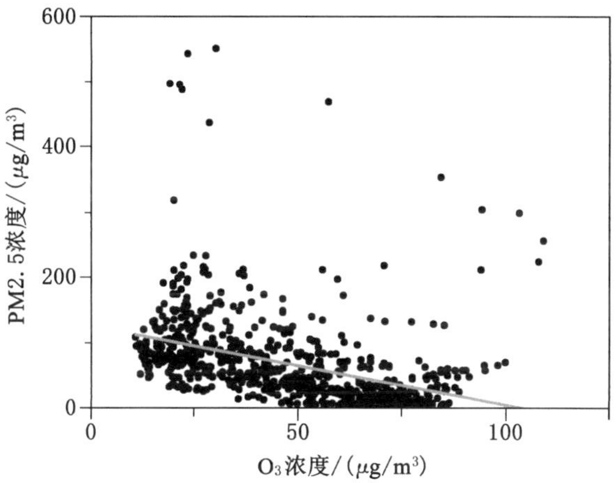

(d)

图 2-8(续)

从图 2-8 中可以看出,PM2.5 与 SO_2、NO_2、CO 浓度之间存在正相关关系,PM2.5 与 O_3 浓度之间存在负相关关系。利用 Python 软件绘制相关性系数热力图可得到 PM2.5 和 SO_2、NO_2、CO、O_3 浓度之间的 Pearson 相关性系数。PM2.5 与 SO_2、NO_2、CO、O_3 浓度的相关性系数热力图见图 2-9。PM2.5 与 SO_2、NO_2、CO、O_3 浓度的相关性分析及显著性检验结果见表 2-4。

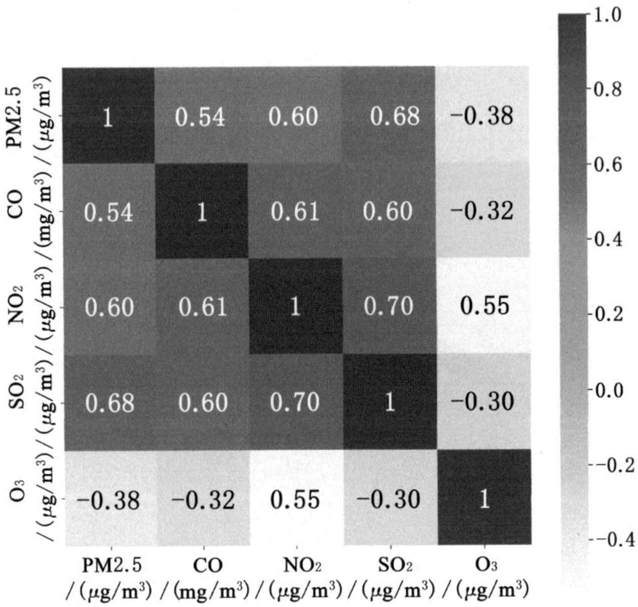

图 2-9 PM2.5 与 SO_2、NO_2、CO、O_3 浓度的相关性系数热力图

表 2-4 PM2.5 与 SO_2、NO_2、CO、O_3 浓度的相关性分析及显著性检验结果

污染物因素	r	P
SO_2	0.68**	<0.01
NO_2	0.60**	<0.01
CO	0.54**	<0.01
O_3	−0.38**	<0.01

注：** 表示在 0.01 级别(双尾)，相关性显著。

由表 2-4 可知，PM2.5 与 SO_2 浓度的相关性系数为 0.68，$P<0.01$，两者具有显著的正相关关系，且属于强相关。PM2.5 与 NO_2 浓度的相关性系数为 0.60，$P<0.01$，两者具有显著的正相关关系，且属于强相关。PM2.5 与 CO 浓度的相关性系数为 0.54，$P<0.01$，两者具有显著的正相关关系，且属于中等强度相关。PM2.5 与 O_3 浓度的相关性系数为−0.38，$P<0.01$，两者具有显著的负相关关系，且属于弱相关。

通过结合散点线性拟合图、Pearson 相关性系数热力图和显著性检验，得到了 PM2.5 与各污染物变量之间的相关性结果。根据与 PM2.5 浓度的相关性程度，由强到弱排序为：SO_2、NO_2、CO、O_3。

2.4.3 PM2.5 与气象因素的相关性分析

各种气象因素的变化也会对 PM2.5 的浓度产生一定的影响，包括气象动力因素和气象热力因素，训练预测模型也需要考虑这些因素。下面就对 PM2.5 浓度与温度、相对湿度、风速、风向、大气压和降水量等 6 种气象因素间的相关性进行分析。PM2.5 与温度、相对湿度、风速、风向和大气压的散点线性拟合图见图 2-10。

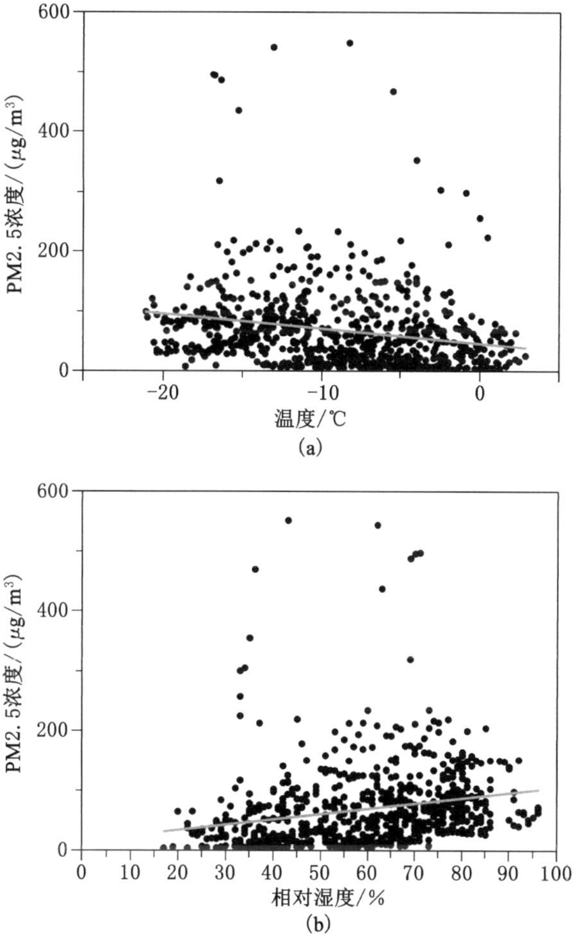

图 2-10 PM2.5 与温度、相对湿度、风速、风向和大气压的散点线性拟合图

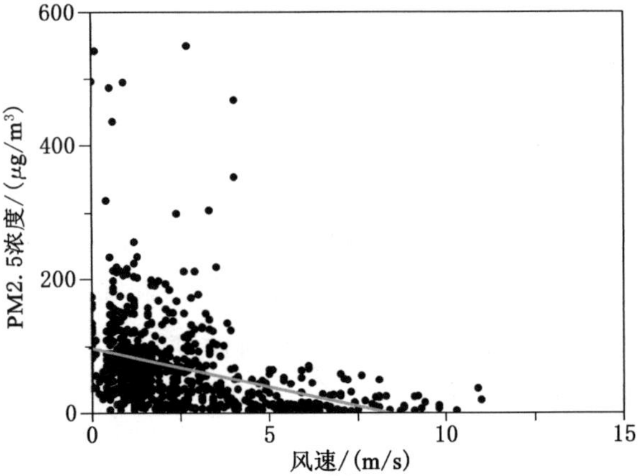
PM2.5浓度/(μg/m³)
600
400
200
0
0
5
10
15
风速/(m/s)

(c)

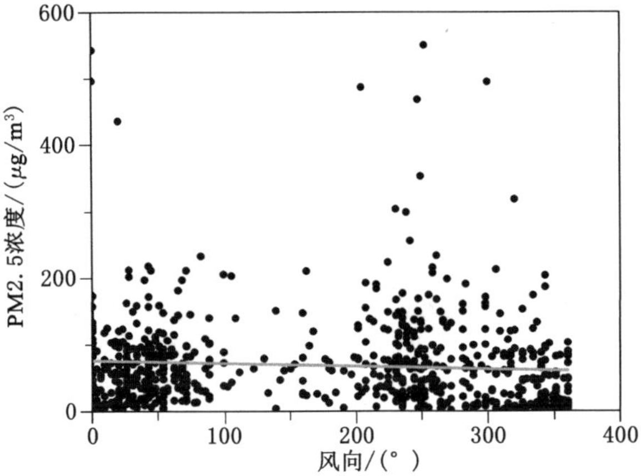
PM2.5浓度/(μg/m³)
600
400
200
0
0
100
200
300
400
风向/(°)

(d)

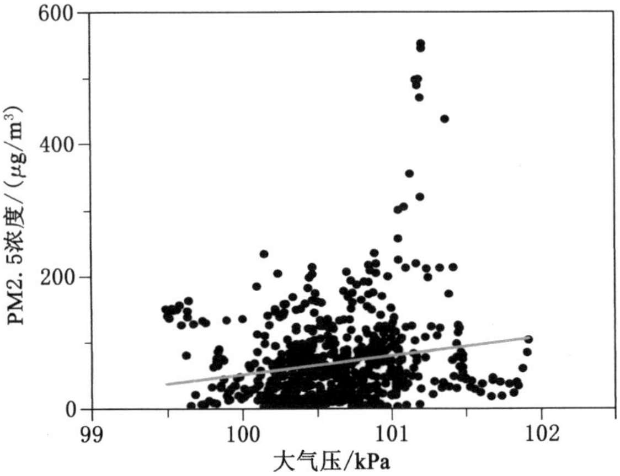
PM2.5浓度/(μg/m³)
600
400
200
0
99
100
101
102
大气压/kPa

(e)

图 2-10（续）

由于降水量的数据大部分数值为0，存在异常，因此不再对其进行分析。从图2-10可以看出，PM2.5浓度与温度、风速、风向之间存在负相关关系，PM2.5浓度与相对湿度、大气压之间存在正相关关系。利用Python软件将PM2.5浓度与温度、相对湿度、风速、风向、大气压的相关性系数绘制出热力图，见图2-11。

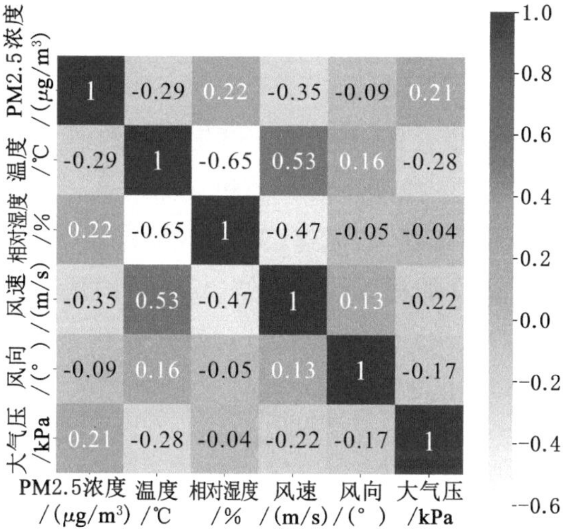

图2-11 PM2.5浓度与温度、相对湿度、风速、风向、大气压的相关性系数热力图

PM2.5浓度与温度、相对湿度、风速、风向、大气压的相关性分析及显著性检验结果见表2-5。

表2-5 PM2.5浓度与温度、相对湿度、风速、风向、大气压的相关性分析及显著性检验结果

气象因素	r	P
温度	-0.29^{**}	<0.01
相对湿度	0.22^{**}	<0.01
风速	-0.35^{**}	<0.01
风向	-0.09^{*}	<0.05
大气压	0.21^{**}	<0.01

注：** 表示在0.01级别(双尾)相关性显著；* 表示在0.05级别(双尾)相关性显著。

由表 2-5 可知,PM2.5 浓度与温度的相关性系数为−0.29,$P<0.01$,两者具有显著的负相关关系,且属于弱相关。PM2.5 浓度与相对湿度的相关性系数为 0.22,$P<0.01$,两者具有显著的正相关关系,且属于弱相关。PM2.5 浓度与风速的相关性系数为−0.35,$P<0.01$,两者具有显著的负相关关系,且属于弱相关。PM2.5 浓度与风向的相关性系数为−0.09,$P<0.05$,两者具有显著的负相关关系,且属于极弱相关。PM2.5 浓度与大气压的相关性系数为 0.21,$P<0.01$,两者具有显著的正相关关系,且属于弱相关。

通过结合散点线性拟合图、Pearson 相关性系数热力图和显著性检验,得到了 PM2.5 浓度与各气象变量之间的相关性结果。根据与 PM2.5 浓度的相关性程度,由强到弱排序为:风速、温度、相对湿度、大气压、风向。

综合 2.4.2 和 2.4.3 的相关性分析结果,将风向从数据集中去除,最终选择污染物因素 PM10、SO_2、NO_2、CO、O_3 和气象因素风速、温度、相对湿度、大气压作为训练模型的数据样本。

2.5 本章小结

本章内容主要分为三部分。第一部分对研究对象和原始数据集做了简单的概述。第二部分介绍了数据预处理及数据集划分的方法。数据预处理包括数据数值化、缺失值处理、异常值处理和数据标准化,然后将预处理之后的数据集按照 8∶1∶1 的比例划分为训练集、验证集和测试集。第三部分对原始数据集包含的污染物因素和气象因素进行了相关性分析,通过结合散点线性拟合图、Pearson 相关性系数热力图和显著性检验得到了最终结果,选定了 PM2.5、PM10、SO_2、NO_2、CO、O_3、风速、温度、相对湿度和大气压作为训练模型的多元输入特征因素。

3　粉尘浓度预测模型理论分析

3.1　时间序列数据

时间序列数据(time series data)是一组按照时间顺序排列的变量,用来描述事物随时间变化的状态,通常指的是在相同时间间隔记录下来的一组观测值序列,如以每秒、每分、每时、每天为单位记录,在信号处理、天气预报中经常会用到时间序列[86]。本书研究的粉尘浓度数据属于时间序列数据。时间序列数据本质上反映了某个变量在一段时间内的变化趋势。时间序列预测的基本原理是通过研究大量历史数据,利用统计学基本原理,探索数据中所包含的全部信息,从历史数据中获取一定的数据变化规律;根据这些规律来得到未来数据的变化趋势,建立能够最大程度精确反映时间序列数据中所包含的动态变化关系的数学模型;对未来的数据作出估计,从而达到预测的目的[87]。长度为 T 的时间序列数据的数学表达式如下。

$$X_T=\{x_1,x_2,\cdots x_T\} \tag{3-1}$$

时间序列数据是一种特殊的数据类型,具有以下三个特点。

(1) 对于时间序列数据而言,与其他类型数据的最大区别在于相邻的数据间是具有相关性联系的,即前一时刻的数据影响当前时刻数据的变化,当前时刻的数据又会影响后一时刻数据的变化,因此时间序列数据最重要、最典型的特点是数据随时间变化的顺序是不可随意改变的。改变了数据的先后顺序会导致该组数据成为一组新的时间序列数据,从而对后续的数据处理及分析造成很大的影响[88]。时间序列数据的这个特点说明了时间序列数据预测的基本原理,即过去时刻的数据影响未来数据的发展变化,可以通过研究过去时刻的数据变化规律来对未来时刻的数据变化情况进行预测。时间序列数据的变化规律主要包括趋势性、周期性、随机性和综合性[89]。趋势性反映了数据在一个时间段内的变化方向，指的是数据在一个相当长的时间段内的变化情况呈现一种缓慢持续的上升、下降、平稳的同性质变化趋势，但在每个短时间段的变化幅度可能会不同。周期性是指某些外界周期性变化因素的影响导致时间序列数据呈现一种周期性变化，如随季节变化或昼夜更替。随机性是指受到一些突发状况或偶然因素的影响导致数据产生非趋势性和非周期性的不规则变化，时间序列数据整体呈现统计规律。综合性是指在整个时间序列数据中既存在趋势性变化，又存在周期性变化，同时还存在随机性变化，往往是在一组数据中存在多种变化的叠加[90]。

(2) 时间序列数据可分为平稳性时间序列数据和非平稳性时间序列数据。平稳性时间序列数据是指看起来较为“平坦”的一组数据，这组数据的统计特征（如均值、方差、协方差等）不会随着时间的变化而发生系统的变化。平稳性确保了在当前时刻的时间序列基本特征会继续延伸到未来时刻数据的变化中[91]。非平稳性时间序列不存在不变的中心趋势，数据的均值和方差等基本数据特征参数会随着时间的推进发生变化，因此不能通过这些数据的统计特征来推断各个时间点变量的分布特征，如股票价格、GDP 等均为典型的非平稳性时间序列数据[92]。

(3) 随着生产技术的不断发展和硬件水平的不断提高，时间序列数据的规模变得越来越大。在实际应用中，数据的采集频率甚至到了秒级别，数据的采集周期也越来越长，这就导致时间序列数据的密度越来越大，整体的数据规模不断变大。由于数据采集的场景不同，在实际应用中，一个时间点采集到的数据会包含多个变量，每个变量之间也存在着相关性联系，不同时刻的不同变量之间存在着联系，不再仅仅是单纯的一维向量数据，而是多维数时间序列数据，又称为多元时间序列，是一种重要的时间序列[93]，也是现在最常见的一种时间序列形式，这就对时间序列数据的处理和预测提出了更高的要求，难度也更大。

3.2 深度学习框架

Keras 是一个由 Python 软件编写的开源神经网络学习库，是建立在

TensorFlow 之上的深度学习框架。截至 2021 年底，Keras 个人用户量已经超过 100 万。Keras 在深度学习领域和其他科研领域被广泛应用，在被 Google Scholar 索引的科学论文中的提及次数排名第一，是目前最受欢迎的深度学习框架之一。Keras 的核心数据结构是层和模型，其开发重点是实现快速实验[94]。Keras 主要有以下四个优点。

(1) 简洁性。Keras 减少了开发人员的认知负担，提供一致且简单的应用程序编程接口，简单易用，使用更少的代码，在很大程度上减少了使用人员的工作量，并且对于错误的反馈相当清晰，可以帮助用户进行高效修改。

(2) 模块化、易扩展。模型结构可映射为一个层的序列或数据的运算图，Keras 的各个网络层和网络配置都是独立的模块，用户可以根据自己的需要来快速构建模型，而且想要添加新的模块可以根据现有模块编写新的类或函数来创建新的满足需求的模块。Keras 创建新模块的方式使其更适合应用到研究工作中。

(3) 支持卷积神经网络（CNN）和循环神经网络（RNN）以及两者的组合。

(4) 可以实现在 CPU 和 GPU 上无缝运行。

Keras 支持顺序式模型和函数式模型，顺序式模型是函数式模型的一个特例，它们的差别在于不同的拓扑结构。顺序式模型各层之间是简单的线性、顺序结构，网络结构是逐层顺序添加的，神经网络只有一个输入和输出，在简单的模型设计中使用较多。函数式模型比顺序式模型更复杂，但能够灵活地构造网络结构，可以增加网络结构的深度和宽度，当处理大量数据时有更强的拟合能力，可以实现多输入、多输出，常用来构建复杂的神经网络[95]。基于 Keras 的特性、优点以及其在科研领域被认可的程度，本章通过 Keras 框架来搭建露天煤矿道路粉尘浓度预测的深度学习混合模型。使用 Keras 构建深度学习模型的主要步骤见图 3-1。

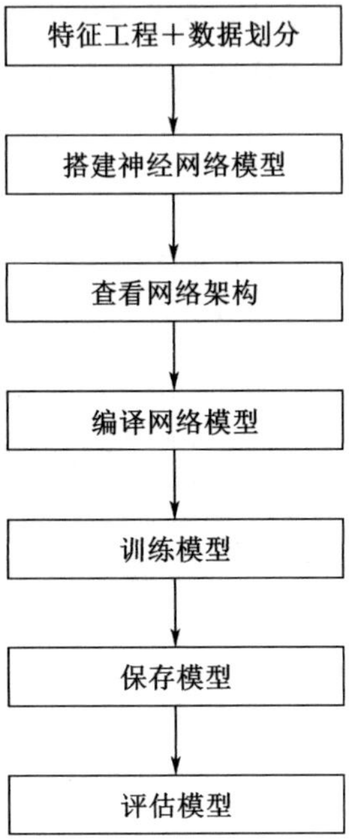

图 3-1　使用 Keras 构建深度学习模型的主要步骤

3.3　卷积神经网络

卷积神经网络(CNN)是一种包含卷积计算并且具有深度结构的前馈神经网络，是深度学习的主要代表算法之一，具有表征学习能力，前馈神经网络的结构是采用一种单向多层的模式，即在整个神经网络中，信号是单向传递的，各神经元分层排列，同时每一层都包含若干个神经元，每一层的神经元只与前一层的神经元相连，接收前一层的神经元信号后输出给下一层。1987 年，卷积神经网络被 Alexander 等提出用于解决语音识别问题，其性能表现超越了当时语音识别方面的主流模型——隐马尔科夫模型。1998 年，Yann 等在研究手写数字的识别问题时建立了一种更加完备的卷积神经网络——LeNT-5。LeNT-5 定义了现代卷积神经网络的基本结构，它的出现也使得卷积神经网络受到越来越多的关注[96]。

3.3.1　网络结构

CNN 模型由输入层、卷积层、池化层、全连接层和输出层等 5 个部分组成[97]。卷积层和池化层是卷积神经网络特有的结构，卷积神经网络的输入层可以处理多维数据，卷积层的作用首先是对输入的数据进行特征提取，其次通过池化层对卷积层提取的特征进行降维处理，进一步提取特征，最后通过全连接层和输出层输出模型的训练结果。CNN 模型基本结构见图 3-2。以下重点介绍卷积层、池化层和全连接层。

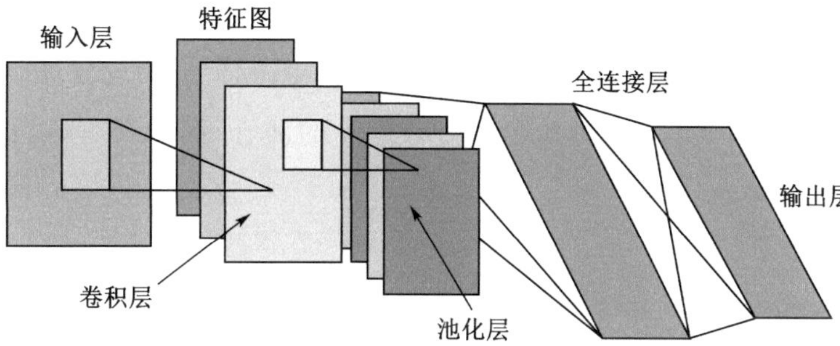

图 3-2　CNN 模型的基本结构

3.3.1.1　卷积层

CNN 模型最重要的部分是卷积层，卷积层通过卷积核进行卷积运算，对原始数据进行局部特征提取，可以通过不同大小的卷积核提取数据间的不同特征，并将提取到的特征根据输入特征图中相应的空间位置关系生成输出特征图，卷积层的层数越多，越能提取到越复杂的特征。卷积核为卷积层的核心，又被称为滤波器，本质上就是一个权重矩阵，卷积核中的每个元素都对应一个权重系数 w 和偏差量 b，卷积层的超参数包括卷积核大小、卷积核深度、卷积步长和填充[98]。

(1) 卷积核大小。卷积核的大小即为权重矩阵的尺寸大小，正常情况下，卷积核越大，则得到的信息越多，获取的数据特征越全面。

(2) 卷积核深度。卷积核的深度又称为卷积核的通道数，由输入矩阵的通道数决定，输入矩阵的通道数为 m，则卷积核的通道数也为 m。如图 3-3

所示，左边为一个 5×5×3 的输入矩阵，右边为 $n \times n \times 3 (0 < n < 5)$ 的卷积核，输入矩阵和卷积核的通道数保持一致，都是 3。

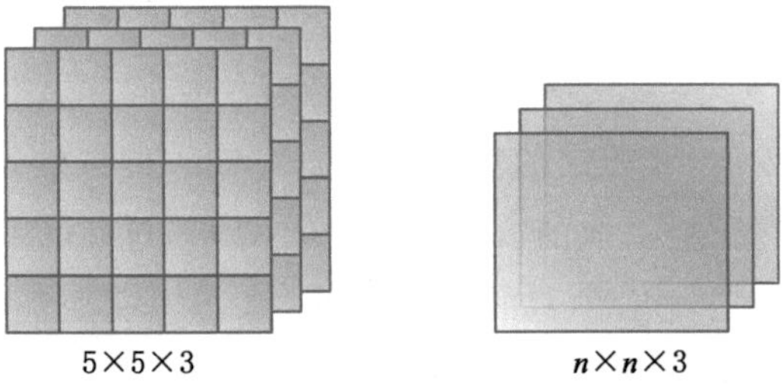

图 3-3　输入矩阵和卷积核结构示例

(3) 卷积步长。卷积步长指的是每次卷积操作时，卷积核移动的单位距离，当步长为 1 时，每次卷积操作都会有重复的部分，而步长大则可能会导致遗漏数据信息。设步长为 1，卷积核大小为 3×3，此时卷积核的移动过程见图 3-4。

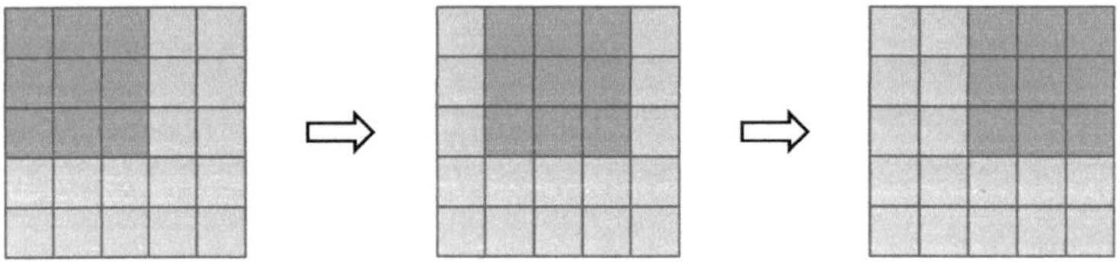

图 3-4　步长为 1 时卷积核移动示例

(4) 填充。当进行卷积操作时，输入矩阵边缘的计算次数会少于内部元素的计算次数，且生成的特征矩阵大小与卷积核的大小可能会不匹配。为了避免这种情况，需要通过人为填充的方式增大特征矩阵的尺寸，减小计算中特征矩阵收缩的影响，常用的填充方法为全零填充，图 3-5 为全零填充示例。

卷积层最主要的两个特征是局部连接和权重共享，这也是由卷积核的属性决定的。局部连接是指卷积层内每个神经元都与前一层中空间位置接近的区域中的多个神经元相连，而并非与上一层中所有的神经元都相连，这个局部连接空间的大小被称为“感受野”，该空间的大小由卷积核的大小来决定。权重共享是指在卷积核扫描整个输入特征的过程中，卷积核中每个

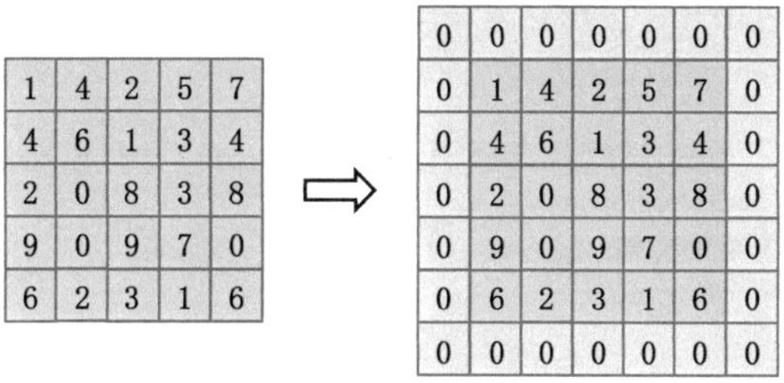

图 3-5 全零填充示例

元素对应的权重系数是固定的,即所有的输入特征都“共享”权重[99]。图 3-6 为局部连接和权重共享示意图,$\boldsymbol{W}_1$、$\boldsymbol{W}_2$、$\boldsymbol{W}_3$ 是尺寸为 1×3 卷积核的权重系数。

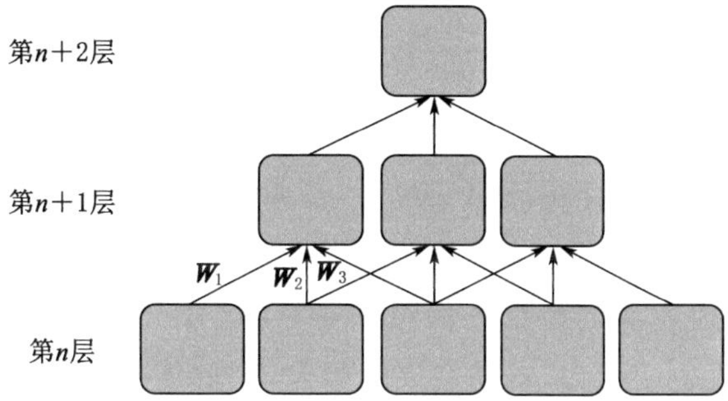

图 3-6 局部连接和权重共享示意图

卷积层的每个神经元与前一层中的神经元通过这种连接方式,大幅度减少了模型在训练过程中的参数数量,降低了运算规模,提高了运算效率,在一定程度上避免了过拟合的风险。

从数学的角度看,卷积是一种运算方式,假设存在两个可积函数 $f(x)$ 和 $g(x)$,则 $(f \cdot g)(n)$ 为 $f(x)$ 和 $g(x)$ 的卷积[100]。卷积分为连续卷积和离散卷积。连续卷积定义为:

$$(f \cdot g)(t) = \int_{-\infty}^{\infty} f(\tau) g(t-\tau) \mathrm{d}\tau \tag{3-2}$$

离散卷积定义为:

$$(f \cdot g)(t) = \sum_{-\infty}^{\infty} f(\tau) g(t-\tau) \tag{3-3}$$

在卷积神经网络中，卷积运算一般为离散卷积，则卷积过程的数学表达式为：

$$
\begin{aligned}
Z^{l+1}(i,j) &= [Z^l \otimes w^{l+1}](i,j) + b \\
&= \sum_{k=1}^{K_l}\sum_{x=1}^{f}\sum_{y=1}^{f}[Z_k^l(S_0 i + x, S_0 j + y)w_k^{l+1}(x,y)] + b \qquad (3\text{-}4)
\end{aligned}
$$

$$(i,j)\in\{0,1,\cdots,L_{l+1}\}$$

$$L_{l+1}=\frac{L_l+2p-f}{S_0}+1$$

式中，Z^l 为第 $l+1$ 层的卷积输入，Z^{l+1} 为第 $l+1$ 层的卷积输出，L_{l+1} 为 Z^{l+1} 的尺寸，f 为卷积核大小，S_0 为卷积步长，p 为零填充层数，w 为权重系数，b 为偏差量。

式中的求和部分等价于求解一次交叉相关。

3.3.1.2 池化层

池化层与卷积层是密不可分的两部分，也是整个卷积神经网络中最重要的两部分，两者同时存在，在 CNN 中，通常在卷积层之间都会周期性地插入池化层，当输入数据经过多个卷积层之后，数据维度会越来越高，参数量也会逐渐增大，但生成的特征图的改变很小，这样会导致计算量大大增加，模型的训练难度也会变大，容易造成过拟合，因此需要池化层来解决这些问题。池化层的主要作用是对卷积层中获取到的特征信息进行进一步提取，选取最显著的特征，池化层具有特征不变形的特性，包括平移不变性、旋转不变性和尺度不变性，即数据特征信息通过池化层压缩之后，依然能保留主要特征，同时对数据和参数进行降维处理，减少向下一层传递的数据量，降低冗余信息，防止模型过拟合，更方便优化[101]。

例如，当卷积层输出的大小为 36×36、池化层过滤器大小为 2×2 时，那么经过池化操作之后，输出的数据大小就变为了 18×18，此时的数据量就成了原来的 1/4。池化操作包括最大值池化、均值池化、随机池化、中值池化、组合池化等，最常用的主要是最大值池化和均值池化。

(1) 最大池化层。最大池化顾名思义就是选取局部特征中值最大的点[102]，即在卷积层的输出特征图 Y 中选取池化窗口所对应的范围内的最大值，生成池化层的输出特征图 X，计算公式如下：

$$Y(n,c,h,w)=\max X(n,c,h_s+k_h,k_w) \quad k_h,k_w\in[1,k] \tag{3-5}$$

式中,n 为特征图号,c 为通道号,h 为行号,h_s 为步长为 s 时对应的行号,w 为列号,k_h、k_w 为池化窗口的长、宽大小。

设最大池化层窗口大小为 2×2,窗口移动步长为 2,池化层窗口可看作池化核,池化核的移动与卷积核类似,可参照图 3-4。最大池化层的运算过程见图 3-7。

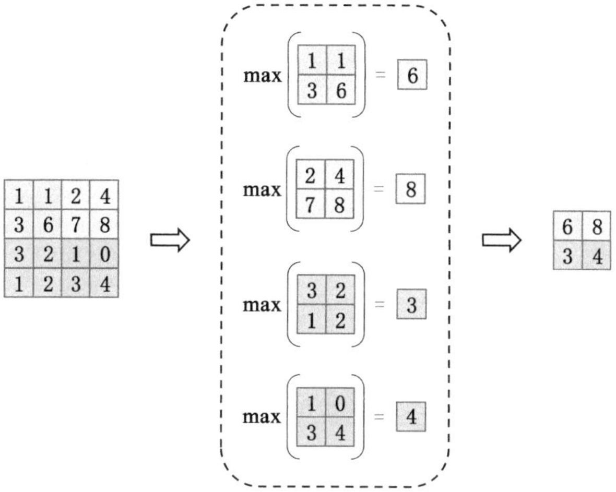

图 3-7 最大池化层运算过程

(2) 平均池化层。平均池化层就是获取局部特征的平均值[103]。设平均池化层窗口大小为 2×2,窗口移动步长为 2,计算平均值时采用向上取整的方式,平均池化层的运算过程见图 3-8。

3.3.1.3 全连接层

在卷积神经网络中,卷积层和池化层之后会连接着一个或一个以上的全连接层,位于卷积神经网络的末端,全连接层的结构特点是第 n 层的每一个神经元都和第 $n-1$ 层的每一个神经元相连[104],如图 3-9 所示。全连接层的主要作用就是将前面提取到的特征通过线性变换的方式映射到另一个特征空间,即在经过卷积层的特征提取和池化层的降维操作之后,把特征图转换成一维向量的形式输入全连接层，继续进行分类或回归的操作。

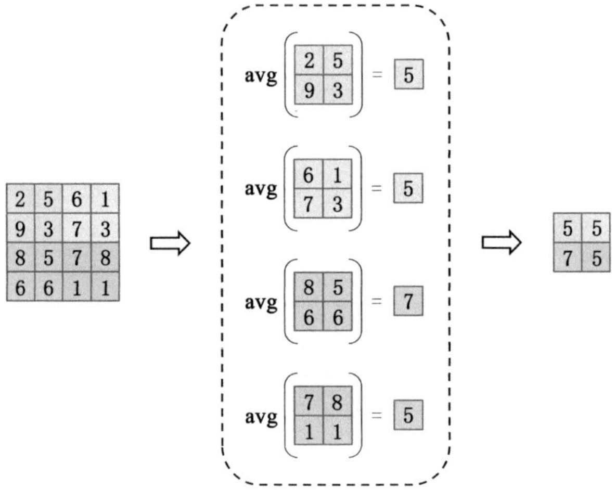

图 3-8　平均池化层运算过程

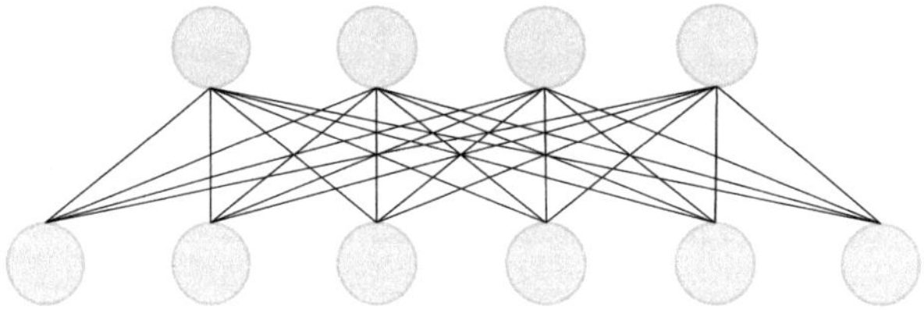

图 3-9　全连接层

线性变换的核心就是矩阵向量乘积，全连接层的计算过程为：

$$y=\sigma(ws+b) \tag{3-6}$$

式中，σ 是非线性激活函数，w 是权重系数，s 是输入变量，b 是偏差量，y 是全连接层的输出结果。

举例简要说明全连接层的操作过程：假设经过最后一次池化操作之后生成了 10 个 12×12 的特征图，此时用和特征图尺寸一样的 12×12 的卷积核进行卷积操作，就把整个特征图浓缩成一个特征值，从而提高整个网络的鲁棒性。

3.3.2 网络类型

卷积神经网络可以分为一维卷积神经网络(1D-CNN)、二维卷积神经网络(2D-CNN)和三维卷积神经网络(3D-CNN)三种类型[105]。1D-CNN 主要用于构建序列数据模型和自然语言处理,2D-CNN 常用于计算机视觉、图像处理领域,3D-CNN 是在 2D-CNN 的基础上改变而来的,主要应用在视频分类和动作识别领域。

对于不同维度的 CNN 来说,在数据处理和模型训练上具有相同的特点和处理方法,主要的区别在于输入数据的维数和卷积核的大小、步长。如 1D-CNN 的输入数据通常为一维或二维数组,一维数组通常是时间序列数据或频谱采样;2D-CNN 的输入数据通常为二维或三维数组;3D-CNN 的输入数据通常为四维数组。通常根据输入数据的维数来确定 CNN 的维度、卷积核的大小以及卷积核在原始数据间滑动的步长。本书研究所需的数据是时间序列数据,由于时间序列数据只沿着时间轴这一个方向变化,用 1D-CNN 来处理更加有效,所以本书使用 1D-CNN 来提取数据局部特征。

3.4 双向长短期记忆神经网络

3.4.1 循环神经网络(RNN)

循环神经网络(recurrent neural network,RNN)是一类以序列数据为输入的递归神经网络,学者们在 20 世纪 80 年代开始对其进行研究,到 21 世纪初就发展成了深度学习算法之一[106]。与传统的神经网络一样,循环神经网络的结构包括三部分:输出层、隐藏层和输入层,但和传统的神经网络之间是存在区别的,传统神经网络各层之间通过全连接的方式连接,并且同一层的神经元之间是不存在连接的,而循环神经网络隐藏层中,同层的神经元之间存在循环连接。这个结构特性使得循环神经网络具有记忆性,每个神经元输出的信息会利用其之前节点的信息。因此,循环神经网络在对序列的非线性特征学习时具有一定的优势，能够获取数据中的时序信息，正是因为循环神经网络的这种特性，其在时间序列分析的领域中被广泛应用。循环神经网络的基本结构见图 3-10[107]。

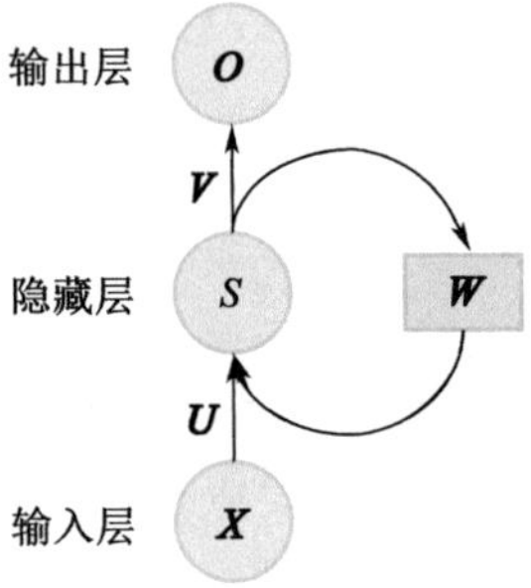

图 3-10　循环神经网络的基本结构

图 3-10 中，$\boldsymbol{X}$ 表示输入向量，S 表示隐藏层的值，隐藏层存在多个节点，$\boldsymbol{O}$ 表示输出向量，$\boldsymbol{U}$ 和 $\boldsymbol{V}$ 都表示权重矩阵，$\boldsymbol{W}$ 是上一次隐藏层的值到这一次输入的权重矩阵。从图 3-10 中可以清楚地看到隐藏层中存在循环连接的结构。对于循环神经网络来说，时刻是非常重要的一个概念，因此为了更清楚地看到循环神经网络的工作过程，将图 3-10 按时间轴的方向展开，可得到图 3-11。

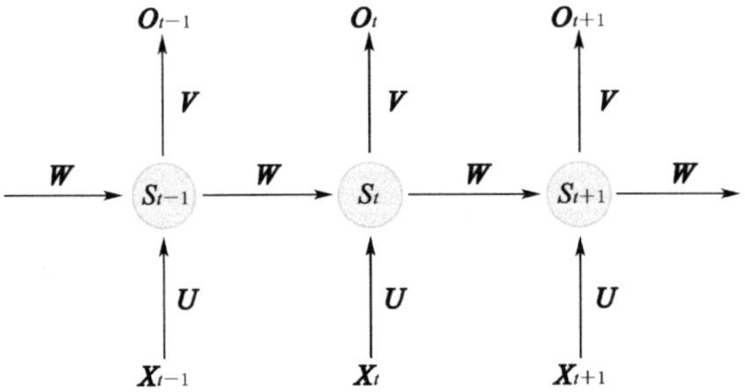

图 3-11　循环神经网络按时间轴展开的结构

在图 3-11 中，可以清楚地看到循环神经网络中同层节点之间的连接状况，这里可以参照图 3-9 中全连接层的结构进行对比。在全连接层中，同层节点之间不存在连接。假设输入数据为时间序列数据，$\boldsymbol{X}_{t-1}$、$\boldsymbol{X}_t$ 和 $\boldsymbol{X}_{t+1}$ 分别

表示 $t-1$、t 和 $t+1$ 时刻的训练样本输入；S_{t-1}、S_t 和 S_{t+1} 分别表示 $t-1$、t 和 $t+1$ 时刻模型的隐藏状态，可以看到 t 时刻的隐藏状态由 t 时刻的输入数据和 $t-1$ 时刻的隐藏状态共同决定；$\boldsymbol{O}_{t-1}$、$\boldsymbol{O}_t$ 和 $\boldsymbol{O}_{t+1}$ 分别表示 $t-1$、t 和 $t+1$ 时刻的输出，t 时刻的输出只由模型当前时刻的隐藏状态决定；$\boldsymbol{U}$、$\boldsymbol{V}$ 和 $\boldsymbol{W}$ 表示权重矩阵，在整个循环神经网络中是共享的，因此在很大程度上减少了参数的数量。循环神经网络的计算过程用公式表示如下：

$$\boldsymbol{O}_t = g(\boldsymbol{V} \cdot S_t) \tag{3-7}$$

$$S_t = f(\boldsymbol{U} \cdot \boldsymbol{X}_t + \boldsymbol{W} \cdot S_{t-1}) \tag{3-8}$$

式中，f 为激活函数，$\boldsymbol{U}$、$\boldsymbol{V}$、$\boldsymbol{W}$ 为权重矩阵，S_t 的值由 $\boldsymbol{X}_t$ 和 S_{t-1} 共同决定，t 时刻的输出 $\boldsymbol{O}_t$ 只由模型当前时刻的隐藏状态 S_t 决定。

循环神经网络中循环连接的特性使其在处理时间序列数据时具有一定的优势，但是循环神经网络存在长期依赖的问题，即当输入的时间序列数据过长、隐藏层的层数较多时，模型会出现梯度消失的问题，随着网络层数的增加，这个问题会越来越明显。梯度消失是指在模型训练的过程中，靠近输入层的隐藏层的权值更新会变得很慢甚至不再更新，靠近输出层的隐藏层权值正常更新。这就相当于前面的隐藏层学习不到任何特征信息，只有后面几层的隐藏层在进行学习，导致模型失去对较早时刻数据的学习能力，不能掌握长时间序列的非线性关系。隐藏层的层数较多和激活函数的选择均会导致梯度消失问题的产生，为了解决一般的循环神经网络存在的梯度消失问题，学者提出了一种基于“门”结构的长短期记忆神经网络[108]。

3.4.2 长短期记忆神经网络(LSTM)

长短期记忆神经网络(LSTM)是循环神经网络的变体结构。顾名思义，这是一个具有长短期记忆力的神经网络，其概念是在 1997 年由 Hochreiter 和 Schmidhuber 提出的，后经过不断地发展完善，形成了完整的 LSTM 概念和框架，可以用于构造更大型的深度学习网络。目前，LSTM 的应用范围非常广泛，特别是在时间序列预测的领域当中非常受欢迎[109]。

基于“门”结构的 LSTM，在每个 LSTM 单元结构中构建三个门控：输入门(I_t)、遗忘门(F_t)和输出门(O_t),同时还增加了一个细胞状态,这是 LSTM 的核心概念。LSTM 单元结构见图 3-12[110]。

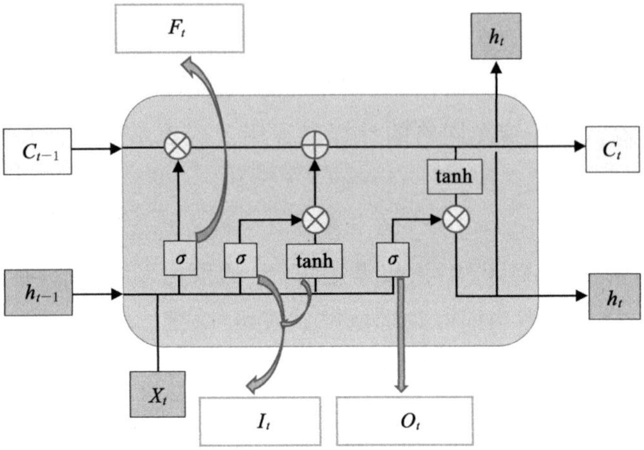

图 3-12　LSTM 单元结构图

在 LSTM 单元结构中,X_t 表示 t 时刻的输入;σ 为激活函数(Sigmoid 函数);C_{t-1} 表示 $t-1$ 时刻的细胞状态;C_t 表示 t 时刻的细胞状态;h_{t-1} 表示 $t-1$ 时刻隐藏层的输出状态;h_t 表示 t 时刻隐藏层的输出状态;输入门(I_t)决定记忆单元中保留多少 t 时刻的输入信息到 C_t;遗忘门(F_t)对前一时刻记忆单元的处理结果进行有选择地保留,然后传递至 C_t;输出门(O_t)决定 t 时刻的输出状态[111]。LSTM 单元中的计算过程如下:

$$I_t=\sigma(\boldsymbol{W}_i x_t+\boldsymbol{U}_i h_{t-1}+b_i) \tag{3-9}$$

$$F_t=\sigma(\boldsymbol{W}_f x_t+\boldsymbol{U}_f h_{t-1}+b_f) \tag{3-10}$$

$$O_t=\sigma(\boldsymbol{W}_o x_t+\boldsymbol{U}_o h_{t-1}+b_o) \tag{3-11}$$

$$C_t^{\wedge}=\tanh(\boldsymbol{W}_c x_t+\boldsymbol{U}_c h_{t-1}+b_c) \tag{3-12}$$

$$C_t=C_{t-1}\cdot F_t+C_t^{\wedge}\cdot I_t \tag{3-13}$$

$$h_t=O_t\cdot\tanh(C_t) \tag{3-14}$$

式中,$\boldsymbol{W}_i$、$\boldsymbol{U}_i$、b_i 为输入门训练参数,$\boldsymbol{W}_f$、$\boldsymbol{U}_f$、b_f 为遗忘门训练参数,$\boldsymbol{W}_o$、$\boldsymbol{U}_o$、b_o 为输出门训练参数,$\boldsymbol{W}_c$、$\boldsymbol{U}_c$、b_c 为输出状态参数,$C_t^{\wedge}$ 为 t 时刻的输入状态,σ、tanh 为激活函数,x_t 为 t 时刻的输入变量。

LSTM 模型由许多个 LSTM 单元构成，图 3-13 为 LSTM 模型基本结构，从下到上依次为输入层、隐藏层、输出层。

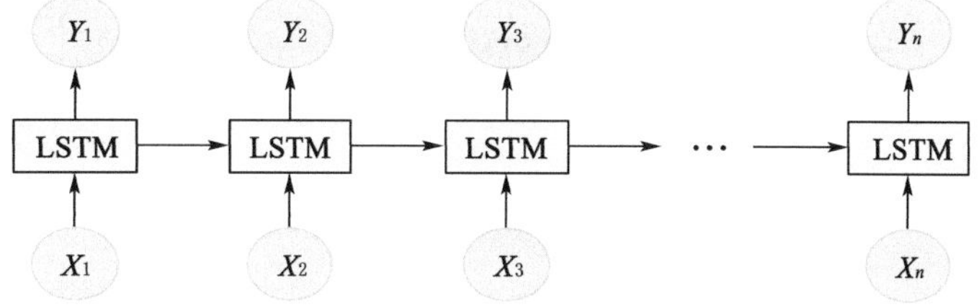

图 3-13 LSTM 模型基本结构

LSTM 模型有效解决了循环神经网络梯度消失和梯度爆炸的问题，但在模型训练过程中，如图 3-13 所示，LSTM 模型总是按照从前往后的时间顺序进行学习，所以只能学习某一时刻之前的样本数据信息，而无法考虑到这个时刻之后的数据信息，这种训练方式导致其对数据的利用率较低，无法充分挖掘数据的内在特征。为了解决这个问题，可以在正向 LSTM 的基础上添加一个反向 LSTM，组成双向长短期记忆神经网络来进行预测。

3.4.3 双向长短期记忆神经网络(BiLSTM)

双向长短期记忆神经网络(BiLSTM)是由前向 LSTM 和后向 LSTM 组成的，前向 LSTM 从前往后处理序列信息，后向 LSTM 从后往前处理序列信息，在两个方向上的隐藏层是相互独立的[112]。在训练过程中可以综合考虑到某一时刻的数据和历史数据以及未来数据之间的内在联系，获得全局的数据特征，从而在一定程度上提高样本数据的利用率和预测的准确率。图 3-14 为 BiLSTM 模型基本结构。

如图 3-14 所示，从下到上依次为输入层、正向 LSTM 层、反向 LSTM 层、输出层。可以看到，当样本数据输入模型之后，可以通过正反两个方向对数据进行学习，且在两个方向上的隐藏层是相互独立的，每个时刻的数据通过正反向 LSTM 层得到输出结果并保存下来，然后将同一时刻的两个输出结果进行拼接得到最终的输出结果。该结果即为 BiLSTM 模型的输出结果[113]，计算过程如下：

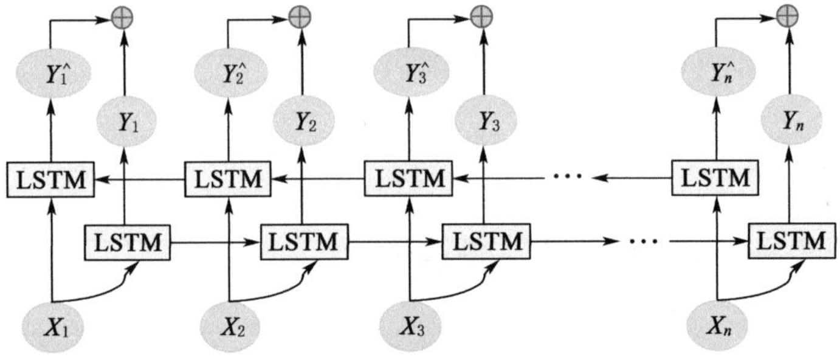

图 3-14　BiLSTM 模型基本结构

$$h_t^F = f^F(\boldsymbol{w}_1 X_t + \boldsymbol{w}_2 h_{t-1}^F) \tag{3-15}$$

$$h_t^R = f^R(\boldsymbol{w}_3 X_t + \boldsymbol{w}_5 h_{t+1}^R) \tag{3-16}$$

$$h_t = f(\boldsymbol{w}_4 h_t^F + \boldsymbol{w}_6 h_t^R) \tag{3-17}$$

式中，X_t 是当前输入，h_{t-1}^F 是正向 LSTM 层前一时刻的输出状态，h_{t+1}^R 是反向 LSTM 层前一时刻的输出状态，$\boldsymbol{w}_1$、$\boldsymbol{w}_3$ 是输入层到正向、反向 LSTM 层的权值矩阵，$\boldsymbol{w}_2$、$\boldsymbol{w}_5$ 是正向、反向 LSTM 层到自身传递层的权值矩阵，$\boldsymbol{w}_4$、$\boldsymbol{w}_6$ 是正向、反向 LSTM 层到输出层的权值矩阵，$f^F(\cdot)$、$f^R(\cdot)$是细胞计算过程，$f(\cdot)$是正向、反向 LSTM 层输出结果拼接函数，h_t^F 是正向 LSTM 层输出结果，h_t^R 是反向 LSTM 层输出结果，h_t 是最终输出结果。

3.5　注意力机制

随着深度学习技术的发展，深度学习模型已经在各个领域中取得了丰硕的研究成果。深度学习模型也不是绝对完美的，在处理实际问题的时候，不同领域的数据信息存在自己的特性，从而导致用深度学习模型来解决实际问题时会遇到一些问题和挑战。以时间序列数据为例，在实际问题中的时间序列的数据量是非常庞大的，一个时间节点的变量可能都有十几个，并且数据的时间跨度会很长，训练一个模型需要以年为单位的数据量，当数据源源不断地输入模型当中时，会导致在前面输入的数据信息越来越模糊。虽然 LSTM 模型解决了一般循环神经网络存在的梯度消失的问题，但序列数据越长，数据量越多，最先输入的信息会被后续不断输入的信息覆盖掉，而且不同的变量特征对目标变量的影响程度是不一样的，在某一时刻只有少数数据是重要的，重要的特征会包含更多的关键信息，对目标变量来说影响更大，这些成了引入注意力机制需要解决的基本问题。目前，将神经网络与注意力机制结合起来已经成了深度学习领域中的一个热点问题。

3.5.1 注意力机制的定义及原理

注意力机制是由 Treisman 等人所提出的，是一种根据人类的视觉机制而演化来的处理输入信息的机制。当人类的视网膜接收到很多外部信息的时候，人类会选择视野范围内的特定区域集中关注，快速地处理关键信息，这就说明人脑在处理接收到的外部信息时，会给这些信息划分不同的权重，从而马上接收到自己想要的信息，忽略多余的信息，注意力机制就是仿照人类大脑的这种工作方式[114]。通过引入注意力机制来赋予每个变量特征不同的权重，突出关键的信息，可以更加有效地对数据关联特征进行挖掘，同时可以解决信息过载的问题，大幅降低模型计算量，合理利用计算资源达到最优的模型训练效果。注意力机制本质上是一个组合函数，它通过计算注意力的概率分布来表示某个输入变量对输出的影响程度，图 3-15 为注意力机制的结构图。

如图 3-15 所示，注意力机制的工作流程一般分为三部分：首先，计算目标变量和其他变量的相似度评分；然后，利用 Softmax 函数对得到的相似度评分进行归一化处理，得到每个变量的注意力分布；最后，对除目标变量之外的输入变量和注意力分布进行加权求和，得到最终的注意力值。注意力机制的评分函数 $S(X_n, Q)$ 可分为加性注意力和点积注意力[115]。

3.5.1.1 加性注意力

加性注意力的计算公式为：

$$S(X_n, Q) = \boldsymbol{V}^{\mathrm{T}} \tanh(\boldsymbol{W} X_n + \boldsymbol{U} Q) \tag{3-18}$$

式中，$\boldsymbol{V}^{\mathrm{T}}$ 是权重向量，$\boldsymbol{W}$、$\boldsymbol{U}$ 为权重矩阵，$\boldsymbol{W} \in R^{n \times n}$，$\boldsymbol{U} \in R^{n \times 2u}$，$Q$ 为目标变量，X_n 为除目标变量之外的输入变量，u 表示单向隐藏层的单元数。加性注意力是注意力机制中典型的评分函数，注意力的权重分配是基于隐藏层的前馈神经网络来计算的[116]。

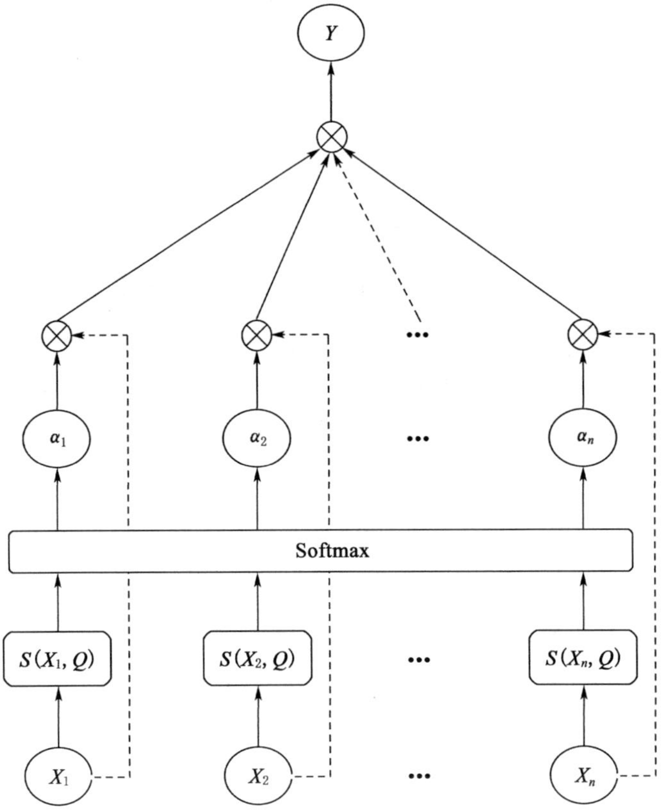

图 3-15　注意力机制结构图

3.5.1.2　点积注意力

点积注意力从数学运算的角度来看是指乘法注意力，点积注意力的计算公式为：

$$S(X_n,Q)=X^{\mathrm{T}}\boldsymbol{W}\boldsymbol{Q}_n \tag{3-19}$$

式中，$\boldsymbol{W}$ 为权重矩阵，$\boldsymbol{W}\in R^{n\times 2u}$，$X^{\mathrm{T}}$ 为输入变量，Q 为目标变量。

从式(3-18)和式(3-19)可以明显看出，加性注意力和点积注意力在复杂度上是相似的，点积注意力的计算更简便一点。在实际应用中，点积注意力可以使用矩阵进行操作，计算速度往往要更快，同时具有更高效的存储性能。在低维度的解码器应用中，两者的性能是几乎一致的，但在更高维度上，加性注意力的性能优于点积注意力[117]。

因此，本书采用加性注意力计算方式，整个注意力机制的主要计算过程如下：

$$S(X_n,Q)=\boldsymbol{V}^{\mathrm{T}}\tanh(\boldsymbol{W}X_n+\boldsymbol{U}Q)$$

$$\alpha_n=\mathrm{Softmax}(S(X_n,Q))=\frac{\exp(S(X_n,Q))}{\sum_{j=1}^{N}\exp(S(X_j,Q))} \tag{3-20}$$

$$A_n=\mathrm{Att}(X,Q)=\sum_{n=1}^{N}\alpha_n X_n \tag{3-21}$$

式中，$\boldsymbol{V}^{\mathrm{T}}$ 为权重向量，$\boldsymbol{W}$、$\boldsymbol{U}$ 为权重矩阵，Q 为目标变量，X_n 为除目标变量之外的输入变量，α_n 为注意力分布，A_n 为最终的注意力值。

3.5.2 注意力机制的分类

注意力机制根据每个时刻所关注的区域范围一般可分为两种：硬性注意力机制和软性注意力机制[118]。

3.5.2.1 硬性注意力机制

硬性注意力机制具有随机性，通过随机采样的方式获取输入信息，每次只关注一个位置信息，注意力较为集中。硬性注意力机制不需要每次都计算所有变量的注意力权重，因此它的计算量更小，而且参数无法用反向传播算法进行优化。

3.5.2.2 软性注意力机制

软性注意力机制关注的是所有的输入信息，给每个输入赋予的权重并不相同，通过这种方式来改变模型对不同输入的关注度，使得计算资源能够合理分配，并且可以通过反向传播算法优化参数。软性注意力机制能够直接加入模型中进行训练，相比之下更适用于解决序列数据的相关问题。

3.6 本章小结

本章主要从时间序列预测方法、预测模型的结构构造、预测模型的实现原理、预测模型的计算过程等四个方面对预测模型进行了一个全面的分析。在时间序列预测方法上，经过各个领域众多学者的研究证实，基于深度学习混合模型的预测方法将不同的模型整合在一起，取长补短，预测效果更好。Keras 可以轻松定义和训练多种类型的深度学习模型，CNN 可以从输入变量中提取有效的特征信息，BiLSTM 作为 LSTM 的变体，不仅可以解决循环神经网络梯度消失或梯度爆炸的问题，还能从数据的正向（从左向右）和反向（从右向左）同时获取数据信息，有效地利用未来和过去的特征。同时，BiLSTM 引入注意力机制分析所有特征的重要性，并赋予相应的权重，得到不同特征对粉尘浓度影响的比重，选择合适的损失函数和优化器对模型进行优化，最终得到预测结果。

4 粉尘浓度预测模型的构建

粉尘浓度预测模型构建主要分为两部分，第一部分是时间序列数据建模，第二部分是深度学习模型建模。

4.1 时间序列数据建模

时间序列数据建模是为了将输入数据构造为适合神经网络模型学习的形式。因此，要将时间序列数据转化为监督学习格式的数据，监督学习的基本思想是将数据构造为输入到输出的映射，让模型学习这种映射关系，然后再基于这种映射关系根据新的输入数据进行预测。因此，需要把输入模型的训练数据按照"特征参数-标签"对应的形式生成训练样本(见图 4-1)，即用历史时刻的各项数据(特征参数)来预测下一时刻的 PM2.5 浓度(标签)或 T 时刻之后多个时刻的 PM2.5 浓度。

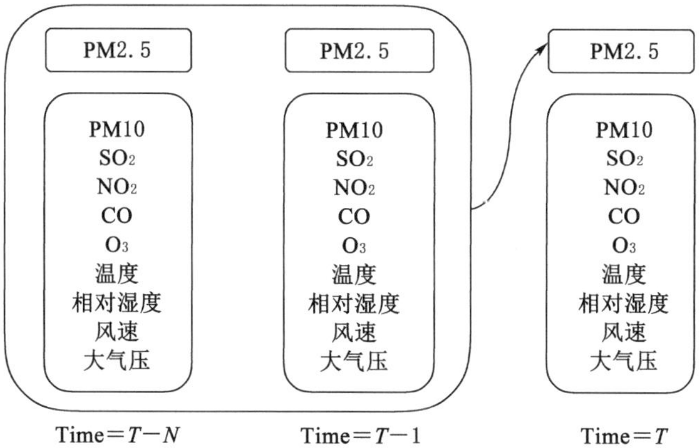

图 4-1 "特征参数-标签"对应形式

4.1.1 滑动时间窗口多元单步预测

本书数据集为多变量时间序列数据，前后数据关联性强，为了尽可能保留相邻数据间的相关性，充分利用全部的数据，通过滑动时间窗口的方式来生成训练样本。T 时刻的数据包括空气质量数据和气象数据，T_i 时刻的数据记为 T_{i1}、$T_{i2}\cdots T_{ij}$，j 为每个时刻的变量个数，设定每组数据的第一个变量为 PM2.5 浓度，如 T_{i1}表示 T_i 时刻的 PM2.5 浓度。

假设特征参数为 T_i 时刻的所有变量数据，标签为 T_{i+1}时刻的 PM2.5 浓度，此时为多元单步预测，即预测某一个时刻的 PM2.5 浓度。训练数据样本生成过程见图 4-2。

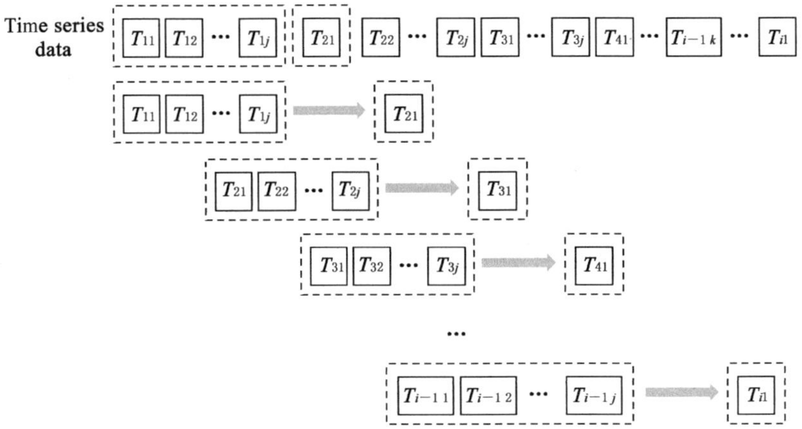

图 4-2 多元单步预测数据样本生成过程

4.1.2 滑动时间窗口多元多步预测

假设特征参数为 T_i 时刻的所有变量数据，标签为 T_{i+1}、T_{i+2}时刻的 PM2.5 浓度，训练数据样本生成过程见图 4-3。标签可按照需求设置为 T_{i+1}、$T_{i+2}\cdots T_{i+n}$时刻的 PM2.5 浓度，即预测多个时刻的 PM2.5 浓度，当标签数大于 1 时，即为多元多步预测。

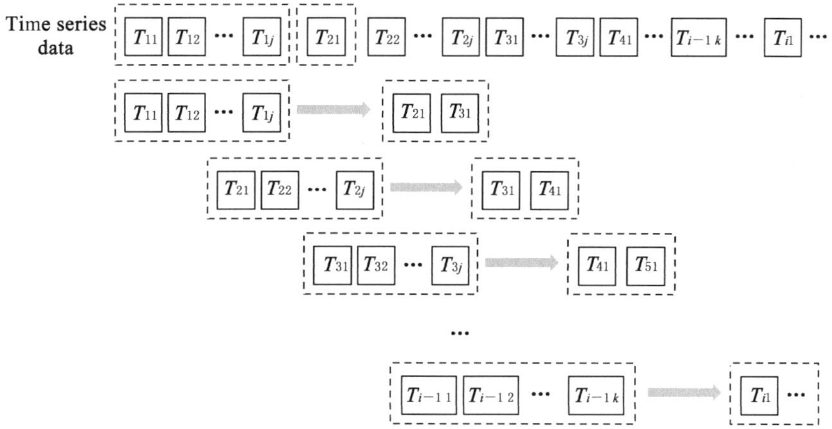

图 4-3　多元多步预测数据样本生成过程

预测模型的训练数据样本输入、输出的时间步长的设置，首先根据实际预测的需求确定，然后结合模型的预测效果对其进行调整，从而达到预测模型的最优状态。

4.2　深度学习模型建模

4.2.1　基于 LSTM 的 PM2.5 浓度预测模型

LSTM 作为 RNN 的变体模型，不仅解决了 RNN 的长期依赖问题，还解决了 RNN 存在的梯度消失和梯度爆炸的问题，基于 LSTM 的 PM2.5 浓度预测模型结构见图 4-4。该模型结构从上到下依次为输入层、LSTM 层、全连接层和输出层。输入层将历史时刻的污染物数据和气象数据输入模型，每个时刻包含十维的特征数据，然后通过 LSTM 层训练学习特征数据内存在的映射关系，再通过全连接层(Dense)对输出结果进行降维处理，最后通过输出层输出 PM2.5 浓度的预测值。

预测模型的训练过程中，还需要对模型当中的超参数进行设置，在 LSTM 预测模型中超参数主要包括以下内容。

(1) 输入、输出时间步长：即模型通过多少个时刻的历史数据去预测输

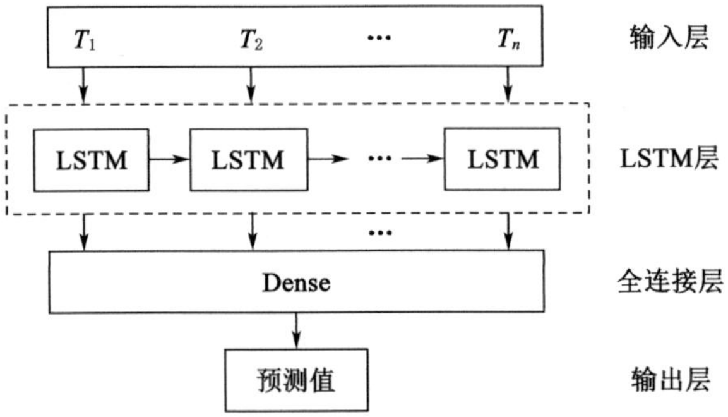

图 4-4　基于 LSTM 的 PM2.5 浓度预测模型结构

出多少个时刻的 PM2.5 浓度预测值。

(2) 隐藏层数量:即 LSTM 层的数量,层数设置较少无法完全学习数据的特征信息;层数设置较多,会导致模型复杂度提高,容易出现过拟合问题,网络层数量设置要合理。

(3) 隐藏层神经元数量:即每个隐藏层中神经元的数量,一般是设置为输入变量数的整数倍。神经元数量较少,无法充分利用数据;神经元数量较多,模型容易出现过拟合的问题。

(4) 学习率:决定了参数更新的变化幅度。学习率较小会影响模型收敛速度,学习率较大会导致模型无法收敛。学习率一般是根据经验设置为一个较小的定值。

(5) 批量大小:指的是每一次读取样本数据的数量。批量较小会导致模型训练速度变慢,批量过大会导致内存容量不足。适当地增加批量大小会提高模型的训练速度。批量大小一般设置为 2^n,取值范围为[32,256]。

(6) 迭代次数:表示所有样本数据在训练过程中的遍历次数。

(7) 激活函数:目前常用的激活函数有 Sigmoid、tanh 和 ReLU 函数。

(8) 损失函数:神经网络中常用的损失函数有均方误差(MSE)损失函数和交叉熵(Cross Entropy)损失函数。

(9) 优化器:目前在深度学习当中,主流的优化器有 SGD、Momentum、AdaGrad、Adam 等。其中,Adam 被称为“万金油”式的优化器。

(10) 丢弃率:合理地设置丢弃率,可以防止模型出现过拟合现象。

4.2.2　基于 BiLSTM 的 PM2.5 浓度预测模型

BiLSTM 由前向 LSTM 和后向 LSTM 组成，在两个方向上的隐藏层是相互独立的。在训练过程中可以综合考虑到某一时刻的数据和历史数据以及未来数据之间的内在联系，从而获得全局的数据特征，在一定程度上提高样本数据的利用率和预测的准确率。基于 BiLSTM 的 PM2.5 浓度预测模型结构见图 4-5。从图 4-5 中可以看出，与 LSTM 模型相比，该模型在隐藏层多了一层反向的 LSTM 层，输入层将历史时刻的污染物数据和气象数据输入模型，每个时刻包含十维的特征数据，然后通过 BiLSTM 层训练学习特征数据内存在的映射关系，再通过全连接层对输出结果进行降维处理，最后通过输出层输出 PM2.5 浓度的预测值。BiLSTM 预测模型的超参数设置项参照 4.2 中 LSTM 预测模型的超参数。

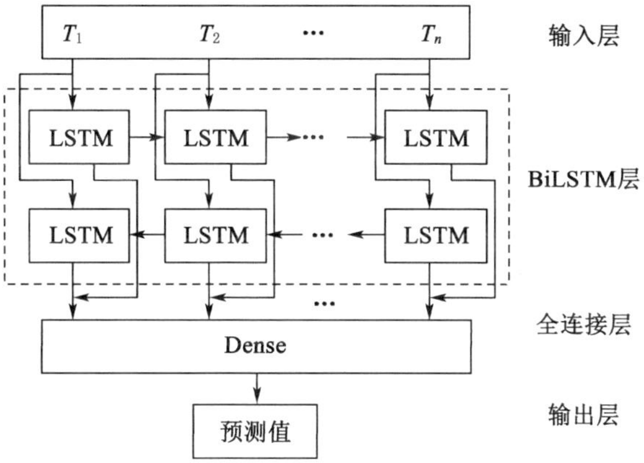

图 4-5　基于 BiLSTM 的 PM2.5 浓度预测模型结构

4.2.3　基于 CNN-BiLSTM 的 PM2.5 浓度预测模型

CNN 可以从输入变量中提取有效的特征信息，但无法解决时间序列数据中存在的长期依赖问题，因此本部分考虑将 CNN 与 BiLSTM 相结合，构成一个全新的 CNN-BiLSTM 混合模型，从而结合各个神经网络的优点，使预测模型的性能更优，提高模型的预测精度。基于 CNN-BiLSTM 的

PM2.5 浓度预测模型结构见图 4-6。CNN-BiLSTM 预测模型由输入层、卷积层、池化层、BiLSTM 层、全连接层和输入层构成。输入层将历史时刻的污染物数据和气象数据输入模型，每个时刻包含十维的特征数据；卷积层对数据进行局部特征提取；池化层对卷积层中获取到的特征信息进行进一步提取，选取最显著的特征，同时对数据和参数进行降维处理；BiLSTM 层通过两个方向的 LSTM 层训练学习特征数据内存在的映射关系；全连接层对输出结果进行降维处理；通过输出层输出 PM2.5 浓度的预测值。

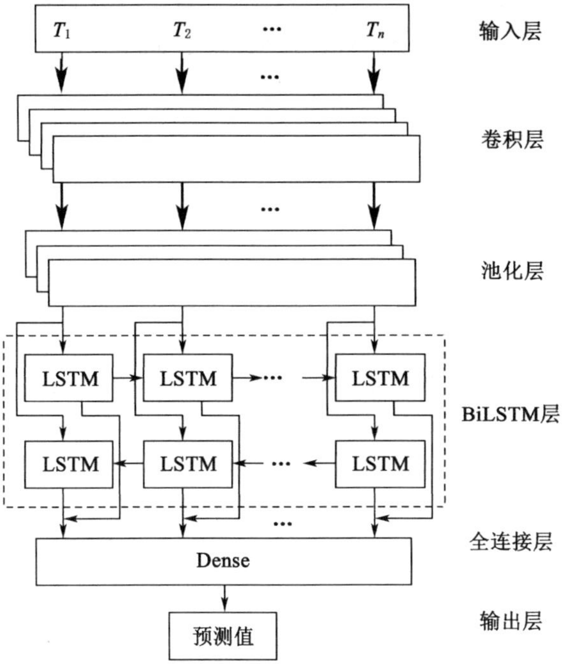

图 4-6　基于 CNN-BiLSTM 的 PM2.5 浓度预测模型结构

在 CNN-BiLSTM 预测模型的训练过程中，CNN 层需要设置的超参数如下所述。

(1) 滤波器大小：即是由多个卷积核构成的 3D 结构。当输入矩阵的通道数是 1 时，则滤波器与卷积核是一样的；当输入矩阵的通道数是 m 时，则滤波器大小为 m。滤波器大小也可看作该滤波器中卷积核的数量。

(2) 卷积核大小：即权重矩阵的尺寸大小。

（3）卷积核步长：即每次卷积操作时卷积核移动的单位距离。

（4）卷积层激活函数：目前常用的激活函数有 Sigmoid、tanh 和 ReLU 函数。

（5）填充属性值：当属性值设置为 valid 时，表示卷积核只在有效区域内进行卷积运算；当属性值设置为 same 时，表示输出层尺寸和输入层尺寸相同；当属性值设置为 full 时，表示卷积核会对输入矩阵所有的值进行卷积运算。

（6）池化层窗口大小：池化层窗口可看作池化核，池化核的移动与卷积核类似。

4.3 引入注意力机制的深度学习模型建模

4.3.1 CNN-BiLSTM-Attention 预测模型结构

训练 PM2.5 浓度预测模型所需的数据量是非常庞大的。当数据源源不断地输入模型时，会导致前面输入的数据信息变得模糊。虽然 CNN-BiLSTM 模型解决了一般循环神经网络存在的梯度消失的问题，但是序列数据越长，数据量越多，最先输入的信息也会被后续不断输入的信息覆盖掉，影响预测模型的精度。这一缺点与前述 LSTM 模型类似。另外，不同的变量特征对目标变量的影响程度是不一样的，在某一时刻只有少数数据是重要的，重要的特征会包含更多的关键信息，对目标变量来说影响更大。因此，在 CNN-BiLSTM 模型的基础上添加注意力机制，通过注意力机制分析所有特征的重要性，并赋予相应的权重，得到不同特征对粉尘浓度影响的比重，在一定程度上提高模型的预测精度。

基于 CNN-BiLSTM-Attention 的 PM2.5 浓度预测模型结构见图 4-7。CNN-BiLSTM-Attention 预测模型由输入层、卷积层、池化层、BiLSTM 层、Attention 层、全连接层和输入层构成。输入层将历史时刻的污染物数据和气象数据输入模型，每个时刻包含十维的特征数据；卷积层对数据进行局部特征提取；池化层对卷积层中获取到的特征信息进行进一步提取，选取最显著的特征，同时对数据和参数进行降维处理；BiLSTM 层通过两个方向的

LSTM层训练学习特征数据内存在的映射关系;Attention层分析所有特征的重要性并赋予相应的权重信息;全连接层对输出结果进行降维处理;输出层输出PM2.5浓度的预测值。CNN-BiLSTM-Attention预测模型的超参数设置项与CNN-BiLSTM模型相比,新增了Attention层激活函数的设置。

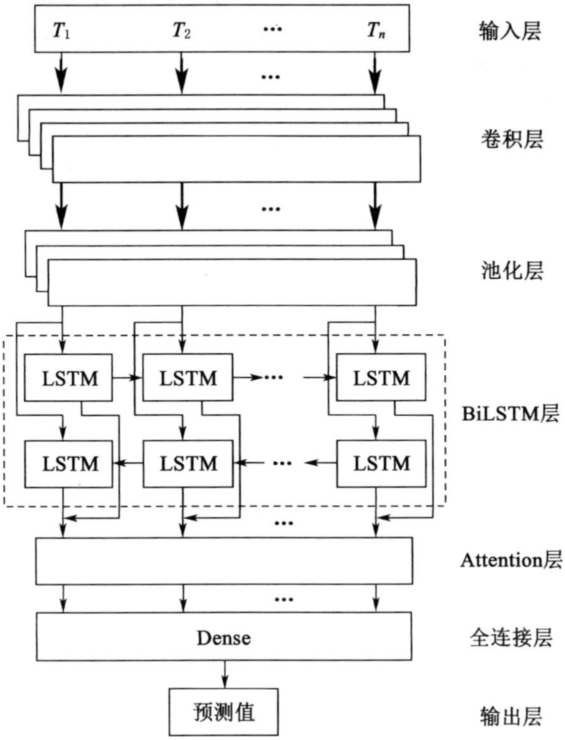

图4-7　基于CNN-BiLSTM-Attention的PM2.5浓度预测模型结构

在CNN-BiLSTM-Attention预测模型的基础上,根据不同的连接方式又将其分为两种结构的混合模型,分别是并行结构混合模型和串行结构混合模型。在第5章的实验中会基于这两种结构的混合模型设置相应的实验。

4.3.1.1　并行结构混合模型

并行结构混合模型将特征提取的过程分为两个通道。通道1利用1D-CNN沿着时间轴正方向对数据的非线性特征进行局部提取。同时,通道2利用BiLSTM提取数据双向全局的时序性特征,并通过注意力机制对变量赋予权重。将两个通道的数据特征进行合并，通过全连接层提取特征间的关联信息，映射到输出空间进行回归预测，输出预测结果。图 4-8 为 CNN-BiLSTM-Attention 并行结构模型。

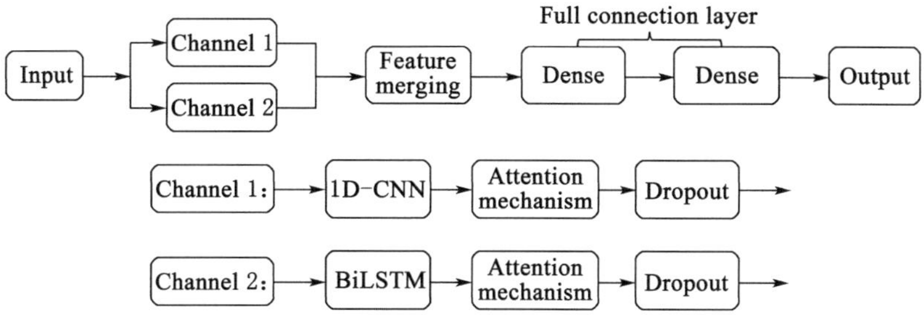

图 4-8 CNN-BiLSTM-Attention 并行结构模型

4.3.1.2 串行结构混合模型

串行结构混合模型的第一部分是 CNN 和 BiLSTM 混合模型的建立，第二部分是引入注意力机制。1D-CNN 和 BiLSTM 在同一通道中依次提取特征，将数据特征叠加到同一向量，引入注意力机制，通过全连接层输出结果。在第 5 章实验部分会设置对比实验，来比较两种结构混合模型的性能，选出最优结构的模型做进一步的实验。图 4-9 为 CNN-BiLSTM-Attention 串行结构模型。

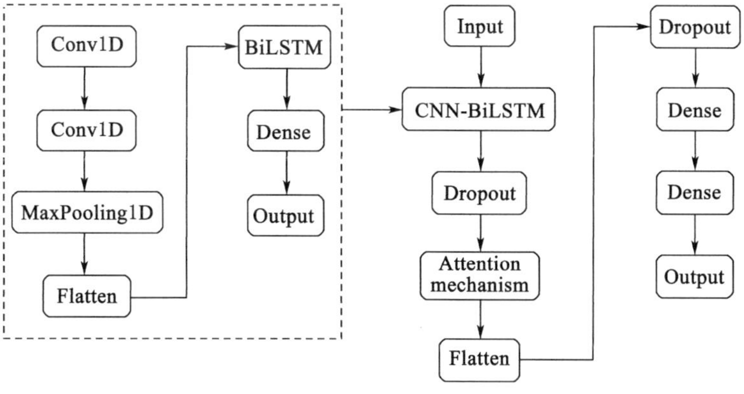

图 4-9 CNN-BiLSTM-Attention 串行结构模型

4.3.2 CNN-BiLSTM-Attention 预测模型训练过程

将 CNN-BiLSTM-Attention 混合模型的结构建立起来之后，需要利用训练集的数据让模型进行学习训练，使其具备预测能力，CNN-BiLSTM-Attention 预测模型的基本训练过程见图 4-10。

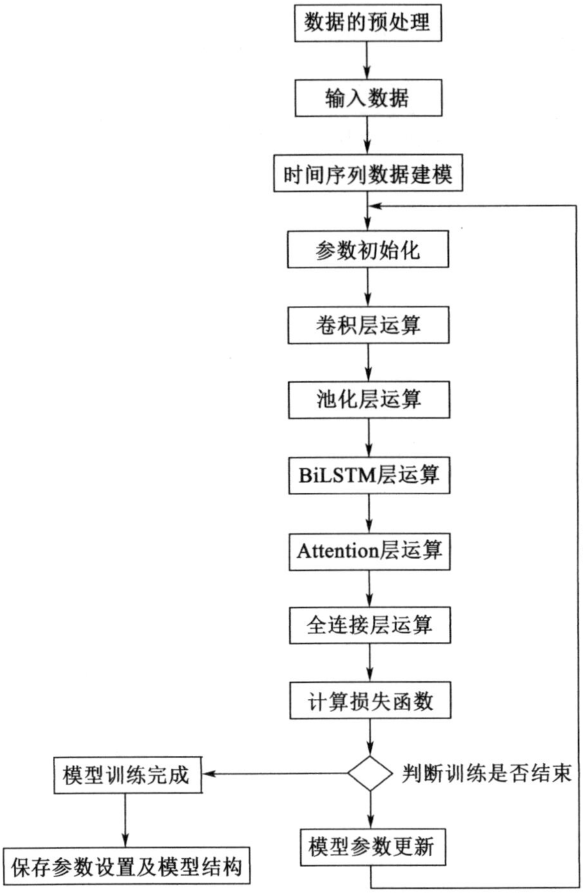

图 4-10 CNN-BiLSTM-Attention 预测模型的基本训练过程

4.3.3 CNN-BiLSTM-Attention 模型预测过程

利用训练集数据完成模型的训练之后，保存模型的最优参数设置及模型结构，接下来用训练好的模型进行 PM2.5 浓度预测。基于 CNN-BiLSTM-Attention 模型的预测过程见图 4-11。

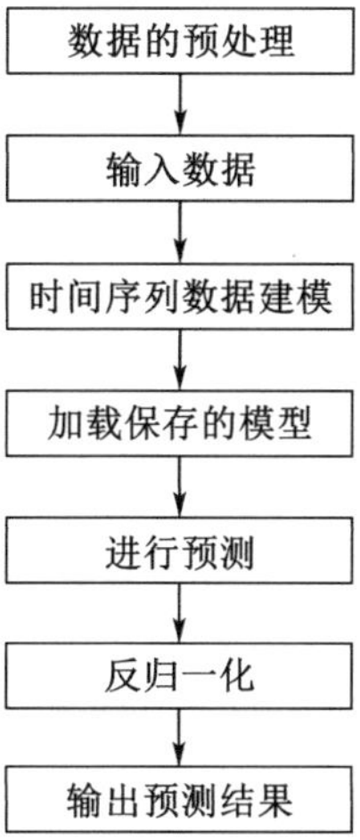

图 4-11 基于 CNN-BiLSTM-Attention 模型的预测过程

由图 4-11 可知，在输出预测结果之前需要对预测的结果进行反归一化处理，这是因为在数据预处理的过程中，对数据进行了归一化处理，将原始数据进行线性变换，把原始数据映射到[0,1]的范围内，因此预测模型输出的值也是在[0,1]的范围内，所以对输出的标准化数值进行反归一化处理，还原为实际的预测数值。本书通过 Min-Max 归一化的方法处理原始数据，利用 Python 软件实现归一化与反归一化的过程见图 4-12。

```
# 数据归一化
scaler = MinMaxScaler(feature_range=(0, 1))
scaled = scaler.fit_transform(values)

# 将标准化后的数据转换为原始数据（反归一化）
predicted_data = scaler.inverse_transform(data)
```

图 4-12 利用 Python 软件实现归一化与反归一化

4.4 深度学习模型的优化

4.4.1 特征选择

在将深度学习模型应用到实际问题中时，会发现获取的数据集中，特征的数量和类别众多，以时间序列数据为例，每一时刻的数据甚至会有十几种不同特征值的信息。虽然深度学习模型的训练需要大量的数据，但并非任何数据都有助于模型的训练。数据是模型训练的基础，数据和特征的选择决定了模型性能的上限。特征选择是指从原始数据集中结合要解决的问题和建立的模型，筛选特征信息，以便训练出性能最优的模型。通过特征选择能够有效地降低模型复杂度，减小过拟合的风险，提高模型的性能。

4.4.2 激活函数

人工神经网络是深度学习的基础，输入的数据通过神经元来传递。在信息传递的过程中，当一个神经元接收到不同的数据信息时，对这些信息进行加权求和的运算，进而对产生的结果用函数进行处理后再输出。上述对神经元的输入进行处理的函数被称为激活函数[119]。激活函数的作用过程见图 4-13。

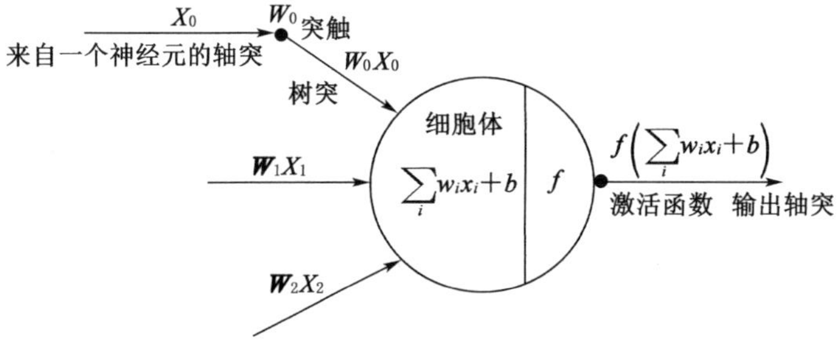

图 4-13 激活函数的作用过程

如图 4-13 所示，在多层神经网络中，上一层神经元节点的输出和下一层神经元节点的输入之间有一个函数关系 f，该函数就是激活函数。

在卷积神经网络中,无论是卷积运算还是最大、平均池化都是线性运算,如果只进行线性运算的话,无论神经网络的层数有多少,或是神经元的数量有多少,整个神经网络仅仅是进行了简单的多元线性回归,无法拟合复杂的函数。因此,需要引入激活函数,传递到神经元的信息经过激活函数处理之后再继续传递到下一个神经元,再通过激活函数处理,就这样一层一层地传递下去,直到将结果输出。引入激活函数,是在神经网络中引入非线性因素,将神经网络非线性化,弥补线性函数的表达力,强化神经网络的学习能力,使其能拟合更复杂的函数。目前常用的激活函数主要有:Sigmoid、tanh 和 ReLU 激活函数,下面就对这三种常用的激活函数进行分析对比[120]。

4.4.2.1 Sigmoid 函数

Sigmoid 函数能将变量的输出限定在[0,1]的范围内,通常用来做二分类。Sigmoid 函数包含指数运算,所以会导致运算量较大。当神经网络的层数较多时,Sigmoid 函数的导数会趋近于 0,神经元的权重更新变慢,导致梯度消失的情况出现,无法完成深层神经网络的训练。另外,Sigmoid 函数的输出不是以 0 为中心的,其输出结果恒大于 0,这会使模型的收敛速度变慢。式(4-1)和式(4-2)分别是 Sigmoid 函数及其导数的数学表达式。图 4-14 是 Sigmoid 函数及其导数的图像。

$$\mathrm{Sigmoid}(x)=\frac{1}{1+e^{-x}} \tag{4-1}$$

$$\mathrm{Sigmoid}'(x)=\mathrm{Sigmoid}(x)[1-\mathrm{Sigmoid}(x)] \tag{4-2}$$

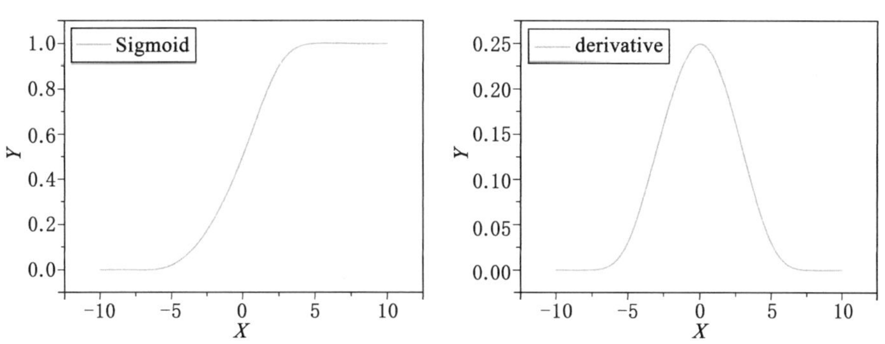

图 4-14 Sigmoid 函数及其导数图像

4.4.2.2 tanh 函数

tanh 函数又称双曲正切函数，它是将数据映射到[−1,1]的范围内，其导数区间为[0,1]。tanh 函数解决了 Sigmoid 函数的输出不是以 0 为中心的问题。收敛速度比 Sigmoid 函数更快，但依然存在梯度消失的问题，实际使用当中，tanh 函数使用的优先性高于 Sigmoid 函数。式(4-3)和式(4-4)分别是 tanh 函数及其导数的数学表达式。图 4-15 是 tanh 函数及其导数的图像。

$$\tanh(x)=\frac{e^{x}-e^{-x}}{e^{x}+e^{-x}} \tag{4-3}$$

$$\tanh'(x)=1-[\tanh(x)]^{2} \tag{4-4}$$

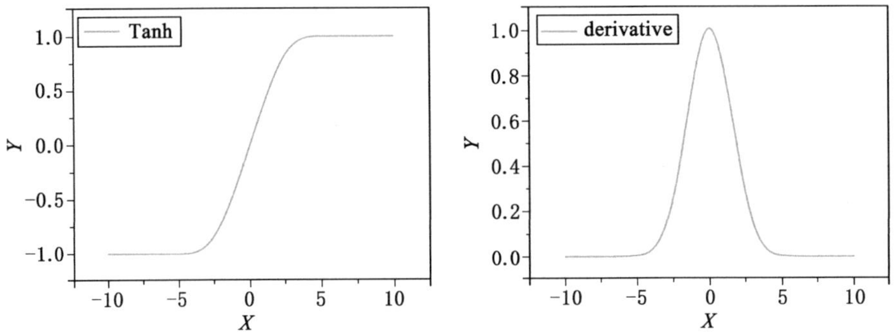

图 4-15 tanh 函数及其导数图像

4.4.2.3 ReLU 函数

相比 Sigmoid 函数和 tanh 函数，ReLU 函数可以提升收敛速度，由于其梯度求解公式简单，可以有效改善梯度消失和梯度爆炸的问题，是目前使用较为广泛的激活函数。式(4-5)和式(4-6)分别是 ReLU 函数及其导数的数学表达式。图 4-16 是 ReLU 函数及其导数的图像。

$$\mathrm{ReLU}(x)=\begin{cases}x, & x\geqslant 0\\ 0, & x<0\end{cases} \tag{4-5}$$

$$\mathrm{ReLU}'(x)=\begin{cases}0, & x<0\\ 1, & x>0\end{cases} \tag{4-6}$$

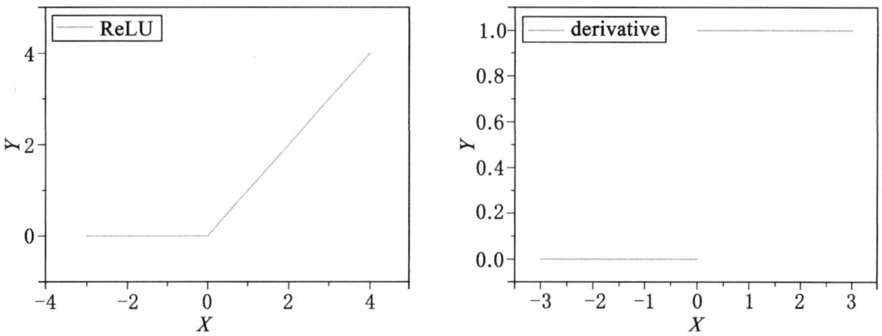

图 4-16 ReLU 函数及其导数图像

4.4.3 损失函数

损失函数用来衡量真实值和模型预测值之间的差距大小，损失函数越小，说明模型的预测性能越好，精度越高。深度学习模型在训练过程中将损失函数的结果作为一个反馈信号，通过优化器进行反向传播，不断地调节神经网络的权重，经过循环训练，权重不断优化，最终得到一个损失函数最小的神经网络，则表示真实值和预测值之间的差距最小，此时模型训练完成。神经网络中常用的损失函数有均方误差损失函数和交叉熵损失函数[121]。

4.4.3.1 均方误差(Mean Square Error)损失函数

均方误差损失函数一般应用在回归问题当中，其表达式为：

$$\text{MSE} = \frac{1}{n}\sum_{i=1}^{n}(y_i - p_i)^2 \tag{4-7}$$

式中，n 为数据个数，y_i 为真实值，p_i 为预测值。

4.4.3.2 交叉熵(Cross Entropy)损失函数

交叉熵损失函数一般应用在分类问题当中，其表达式为：

$$\text{CE} = -\sum_{k=1}^{K} y_k \log p_k \tag{4-8}$$

式中，K 为类别的数目，y_k 为真实值，p_k 为预测值。

4.4.4 优化器

优化器的作用就是对损失函数的反馈信息进行反向传播，引导神经网络更新权重信息，完成网络参数的更新，使模型达到最优的状态。在相同的数据集和模型上使用不同的优化算法，会导致出现不同的训练效果。目前在深度学习模型当中主流的优化器有：SGD、Momentum、AdaGrad、Adam 等[122]。

4.4.4.1 SGD

SGD 的全称是 Stochastic Gradient Descent，意思是随机梯度下降。将数据分为若干个样本，权重参数 $\boldsymbol{W}$ 依据每个样本梯度的平均值进行更新，每次更新只需要根据一个样本的梯度，不需要对整个样本进行遍历，下一次更新再利用下一个样本。SGD 可用数学表达式表示如下：

$$\boldsymbol{W} \leftarrow \boldsymbol{W} - \eta \frac{\partial L}{\partial \boldsymbol{W}} \tag{4-9}$$

式中，$\boldsymbol{W}$ 表示权重参数，η 表示学习率，L 是损失函数结果的标量，式子表示用右边的值更新左边的权重参数。由于 SGD 每次只需要根据一个样本更新梯度，所以计算速度较快且容易实现，对于新加入的样本数据也能及时更新，但是在训练的过程中容易陷入局部最优。

4.4.4.2 Momentum

Momentum 表示动量的意思，是对梯度下降法的一种优化。它将物理学中物体在运动时具有惯性的思想引入梯度下降计算，每一次的梯度下降方向都是由前面梯度下降方向的累积和当前的梯度方向决定的。Momentum 可用数学表达式表示如下：

$$v \leftarrow \alpha v - \eta \frac{\partial L}{\partial \boldsymbol{W}} \tag{4-10}$$

$$\boldsymbol{W} \leftarrow \boldsymbol{W} + v \tag{4-11}$$

式中，$\boldsymbol{W}$ 表示权重参数，η 表示学习率，L 是损失函数结果的标量，α 表示动量因子，v 表示在梯度作用下的速度。在 SGD 中引入 Momentum，能够解决 SGD 在收敛过程中梯度振荡较大的问题。

4.4.4.3 AdaGrad

AdaGrad 的全称是 Adaptive Gradient，意思是自适应梯度，是梯度下降的扩展，又称自适应学习率优化算法。它的特点是可以自动为参数调整合适的学习率，对梯度较大的参数调节较小的学习率，梯度较小的参数调节较大的学习率，不用再手动调整。AdaGrad 用数学表达式表示如下：

$$h \leftarrow h + \frac{\partial L}{\partial \boldsymbol{W}} \otimes \frac{\partial L}{\partial \boldsymbol{W}} \tag{4-12}$$

$$\boldsymbol{W} \leftarrow \boldsymbol{W} - \eta \frac{1}{\sqrt{h}} \frac{\partial L}{\partial \boldsymbol{W}} \tag{4-13}$$

式中，$\boldsymbol{W}$ 表示权重参数，η 表示学习率，L 是损失函数结果的标量，h 表示梯度的累计平方和。AdaGrad 在一定程度上能够提高 SGD 的鲁棒性。

4.4.4.4 Adam

Adam 的全称是 Adaptive Moment Estimation，意思是自适应矩估计，被称为"万金油"式的优化器。Adam 将 Momentum 和 AdaGrad 结合在一起，吸收了两者的优点，收敛速度较快，使用方便，被广泛使用。Adam 可用数学表达式表示如下：

$$t \leftarrow t + 1 \tag{4-14}$$

$$\eta \leftarrow \alpha \cdot \sqrt{1-\beta_2^t} / (1-\beta_1^t) \tag{4-15}$$

$$m \leftarrow (1-\beta_1) \frac{\partial L}{\partial \boldsymbol{W}} + \beta_1 m \tag{4-16}$$

$$v \leftarrow (1-\beta_2) \frac{\partial L}{\partial \boldsymbol{W}} \otimes \frac{\partial L}{\partial \boldsymbol{W}} + \beta_2 v \tag{4-17}$$

$$\boldsymbol{W} \leftarrow \boldsymbol{W} - \eta \frac{m}{\sqrt{v} + \varepsilon} \tag{4-18}$$

式中，$\boldsymbol{W}$ 表示权重参数，L 是损失函数结果的标量，t 表示迭代次数，α 表示初始的学习率，η 表示 t 时刻的学习率，m 表示累计梯度，v 表示累计平方梯度，β_1 和 β_2 表示对应的累计因子。

4.4.5 深度学习神经网络过拟合解决方法

在深度学习模型的训练中，当出现模型在训练集上的表现较好，而在测试集上的表现较差的情况时，说明模型产生了过拟合的现象。产生过拟合的原因主要有以下两个方面。① 样本数据方面。当训练模型的样本数据较少时，会导致模型训练不够全面，样本数据质量较差，噪声数据较多，导致无法训练出健壮的模型。② 模型方面。模型的复杂度较高，参数过多，或者使用的模型不适合解决当前问题。

模型过拟合的解决办法从以上两方面入手。样本数据方面，深度学习模型的训练需要大量的数据，因此可以增加参与模型训练的数据量，使样本数据更加全面，同时对样本数据进行特征选择，筛选出具有代表性的特征样本训练模型。模型方面，主要有正则化和 Dropout 两种方法[123]。

4.4.5.1 正则化

模型的训练过程是通过不断迭代，找到一个能够拟合数据集的函数 $f(x)$。当模型过于复杂时，模型会对所有的样本数据，包括异常点进行拟合，这就导致在模型训练时所有的数据几乎都能完美拟合，拟合的程度非常高，但用新的数据输入模型会出现预测结果偏差较大的情况，模型不具有泛化能力。正则化就是通过在损失函数后加一个正则化项来给模型增加一些限制规则，限制参数过大，降低模型的复杂度，防止模型过拟合。正则化项是一个系数和范数的乘积。常用的正则化项有两种，分别是 L1 正则化和 L2 正则化。

最常用的范数是 p-范数，设：

$$x=[x_1,x_2,x_3,\cdots,x_n]^{\mathrm{T}} \tag{4-19}$$

则 p-范数表达式为：

$$\|x\|_p=(|x_1|^p+|x_2|^p+|x_3|^p+\cdots+|x_n|^p)^{\frac{1}{p}} \tag{4-20}$$

L1 正则化项指的是权重向量 $\boldsymbol{w}$ 的 1-范数：

$$\|\boldsymbol{w}\|_1=|\boldsymbol{w}_1|+|\boldsymbol{w}_2|+|\boldsymbol{w}_3|+\cdots+|\boldsymbol{w}_n| \tag{4-21}$$

L2 正则化项指的是权重向量 $\boldsymbol{w}$ 的 2-范数：

$$\|\boldsymbol{w}\|_2=(|x_1|^2+|x_2|^2+|x_3|^2+\cdots+|x_n|^2)^{\frac{1}{2}} \tag{4-22}$$

设模型的损失函数为均方误差损失函数，则 L1 正则化公式为：

$$J_{\mathrm{L1}}(\boldsymbol{w},b)=\frac{1}{m}\sum_{i=1}^{m}(y_i-p_i)^2+\frac{\lambda}{m}\|\boldsymbol{w}\|_p \tag{4-23}$$

将式(4-20)代入式(4-21)中得 L1 正则化公式为：

$$J_{L1}(\boldsymbol{w},b)=\frac{1}{m}\sum_{i=1}^{m}(y_i-p_i)^2+\frac{\lambda}{m}\sum_{i=1}^{n}|\boldsymbol{w}| \tag{4-24}$$

将式(4-20)代入式(4-22)中得 L2 正则化公式为：

$$J_{L2}(\boldsymbol{w},b)=\frac{1}{m}\sum_{i=1}^{m}(y_i-p_i)^2+\frac{\lambda}{m}\left(\sum_{i=1}^{n}|\boldsymbol{w}|^2\right)^{\frac{1}{2}} \tag{4-25}$$

式中，$\boldsymbol{w}$ 表示权重向量，b 表示偏置值，m 表示样本的数量，y_i 为真实值，p_i 为预测值，λ 表示正则项系数，n 表示网络层数。

当样本数据和特征较简单时，使用 L1 正则化更适合，且离群值对 L1 正则化的影响较小；当样本数据及特征非常复杂时，使用 L2 正则化，要根据实际解决的问题作出最合适的选择。

4.4.5.2 Dropout

Dropout 的基本原理是在深度学习网络训练的过程中，会暂时随机丢弃一部分神经元以及神经元之间的连接，丢弃的神经元数量由事先设置的丢弃率决定，如设置 Dropout rate＝0.5，假设隐藏层中有 10 个神经元，则有 5 个神经元将会被暂时丢弃。因此每次迭代训练只需要训练留下的神经元，相当于将原本复杂的神经网络简化成若干个简单的神经网络。可以用集成学习的思想来理解 Dropout，即每次模型训练丢弃一部分神经元之后，相当于生成了一个新的子网络，而最终的训练结果是由所有生成的子网络集成而来的。因为每次神经元都是随机丢弃，所以不可能保证某两个神经元会一直在同一个网络结构中。Dropout 削弱了神经网络对某个神经元的依赖或某两个神经元之间的依赖，不会导致某个神经元权重过大，从而有效缓解过拟合，同时也能减少模型训练的时间。图 4-17 是一个一层的神经网络以及引入 Dropout 之后的网络结构。

当神经网络的层数较多、结构较深时，Dropout rate 取值 0.5 最优；当神经网络结构较浅时，Dropout rate 的值应低于 0.2，因为结构较浅的神经网络神经元的数目也较少，如果使用较大的 Dropout rate 会影响模型的训练效果。L1、L2 正则化和 Dropout 在 Keras 中都被进行了封装，但 Dropout 由于其使用简单，且效果较好，在深度学习模型中被使用的频率较高。

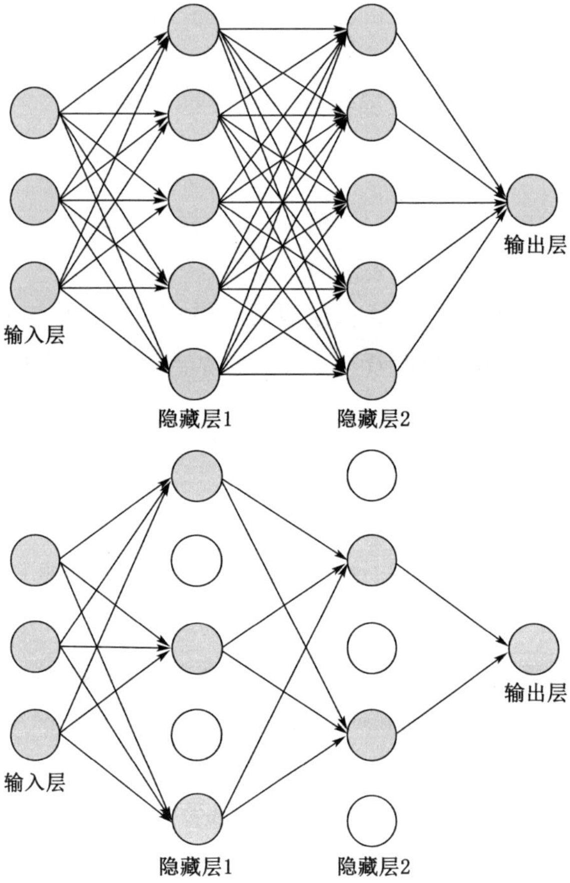

图 4-17 Dropout rate＝0.5 时神经网络结构变化

4.5 本章小结

本章主要从时间序列数据建模和预测模型建模两方面详细阐述了深度学习混合模型的构建过程，并分析了深度学习模型的优化方法。首先，通过滑动时间窗口的方式，根据实际预测需求设置输入时间步长和输出时间步长，构建预测模型的输入数据样本；其次依次建立 LSTM、BiLSTM 和 CNN-BiLSTM 预测模型，并在 CNN-BiLSTM 模型的基础上引入注意力机制，构建串行和并行两种结构的 CNN-BiLSTM-Attention 混合模型，并对其训练过程和预测过程进行了介绍。

5 实验结果与分析

5.1 实验开发环境

本书建立的所有预测模型的训练及预测实验均在同一实验开发环境下进行，具体的实验开发环境硬件及系统配置见表 5-1，软件配置见表 5-2。

表 5-1 实验开发环境硬件及系统配置

名称	配置
操作系统	Windows 10,64 位
CPU	12th Gen Inter(R) Core(TM) i5-12600k 3.70GHz
GPU	NVIDIA GeForce GTX 3060
内存	16 G
固态硬盘	1T

表 5-2 实验开发环境软件配置

名称	版本
Python	3.6.0
Anaconda	2.3.1
Spyder	5.2.2
TensorFlow	2.0.0
Keras	2.3.1
Numpy	1.19.5

表 5-2（续）

名称	版本
Pandas	1.1.5
Matplotlib	2.1.2
Scipy	1.2.0

5.2 模型性能评价指标

为衡量模型的预测精度，量化模型的预测效果，本章选取平均绝对误差（MAE）、均方根误差（RMSE）、决定系数（R^2）作为预测模型的评价指标。

5.2.1 平均绝对误差（MAE）

平均绝对误差通过计算真实值与预测值之间绝对误差的平均值来反映模型的预测精度。MAE 的计算公式如下：

$$\mathrm{MAE}=\frac{1}{n}\sum_{i=1}^{n}\left|y_i-\hat{y}_i\right| \tag{5-1}$$

式中，n 为 PM2.5 浓度数据的个数，y_i 为实际值，$\hat{y}_i$ 为预测值。

5.2.2 均方根误差（RMSE）

均方根误差通过计算真实值与预测值之间差的平方和的平方根来检验模型预测值和真实值之间的偏差程度。RMSE 的计算公式如下：

$$\mathrm{RMSE}=\sqrt{\frac{1}{n}\sum_{i=1}^{n}(y_i-\hat{y}_i)^2} \tag{5-2}$$

式中，n 为 PM2.5 浓度数据的个数，y_i 为实际值，$\hat{y}_i$ 为预测值。

5.2.3 决定系数（R^2）

决定系数反映的是模型拟合数据的准确程度。R^2 的计算公式如下：

$$R^2 = 1 - \frac{\sum_{i=1}^{n}(y_i - \hat{y}_i)^2}{\sum_{i=1}^{n}(y_i - y)^2} \tag{5-3}$$

式中，n 为 PM2.5 浓度数据的个数，y_i 为实际值，$\hat{y}_i$ 为预测值，y 为实际值的平均值。MAE 和 RMSE 都能反映实际值与预测值之间的误差，值越小，预测精度越高。R^2 为决定系数，R^2 越接近 1，表示模型预测效果越好。

5.3 预测模型最优输入、输出时间步长

对于时间序列模型而言，需要确定一个合适的输入、输出变量的时间步长才能获得较高的预测精度，即输入多少历史数据、输出多少预测数据。变量时间跨度太长会导致模型的计算复杂度增加，变量时间跨度太短又会导致模型无法充分提取数据间的特征信息。由于数据集的数据存在周期性变化，可以将周期性作为预测模型的一个特征参数，通过确定变化周期来找到一个合适的输入、输出变量的大小。本节选取经预处理后的数据集中第一个月的数据，分别画出了 PM2.5 浓度在 5 天、10 天、15 天和 20 天内的变化情况（见图 5-1）。

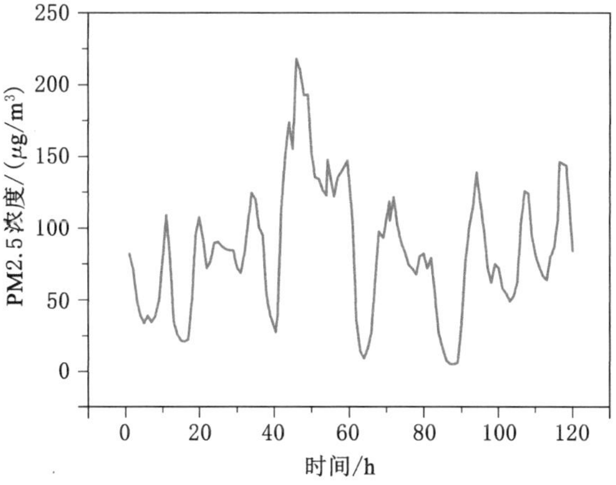

(a) 5天内的PM2.5浓度分布

图 5-1 PM2.5 浓度变化情况

从图 5-1 可以看出，5 天内的 PM2.5 浓度存在一个明显的峰值，10 天内的 PM2.5 浓度存在两个明显峰值，15 天内的 PM2.5 浓度存在 3 个明显的峰值，20 天内的 PM2.5 浓度存在 4 个明显的峰值，由此确定 5 天为一个周期。

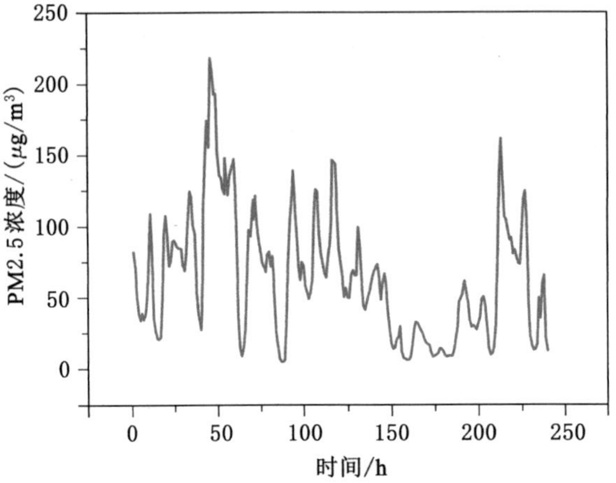

(b) 10天内的PM2.5浓度分布

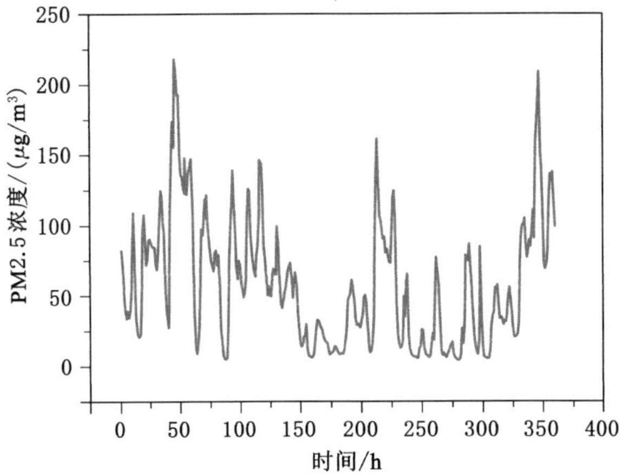

(c) 15天内的PM2.5浓度分布

图 5-1（续）

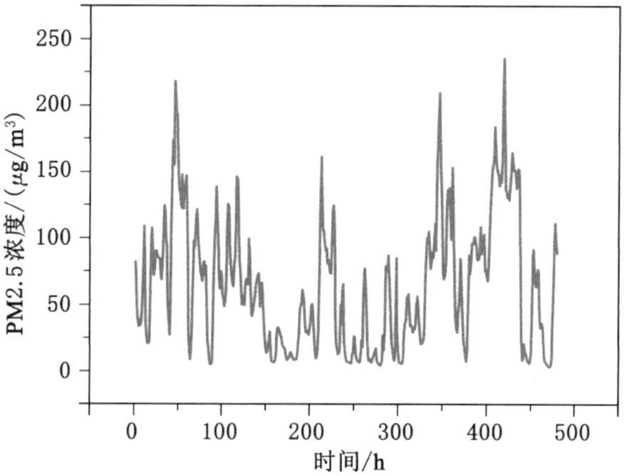

(d) 20天内的PM2.5浓度分布

图 5-1（续）

根据确定的周期，设置不同的输入、输出变量的时间步长，将模型输入时间步长设置为 24×5 h、24×10 h、24×15 h 和 24×20 h，模型输出时间步长设置为 12 h、24 h、36 h 和 48 h，然后在 CNN-BiLSTM-Attention 并行结构模型和 CNN-BiLSTM-Attention 串行结构模型上分别利用预设的输入、输出时间步长进行实验。

5.3.1 CNN-BiLSTM-Attention 并行结构模型

经过大量实验得到了 CNN-BiLSTM-Attention 并行结构模型在不同的输入、输出时间步长的 MAE 和 RMSE 数值（见表 5-3），将每组实验的评价指标结果分别绘制折线图（见图 5-2）。

表 5-3 并行结构模型实验结果

输入	输出							
	12 h		24 h		36 h		48 h	
	MAE	RMSE	MAE	RMSE	MAE	RMSE	MAE	RMSE
24×5h	5.917	6.505	6.149	6.565	6.297	6.449	6.485	6.892
24×10h	5.364	6.128	5.401	6.331	5.735	6.803	6.209	7.012

表 5-3（续）

输入	输出							
	12 h		24 h		36 h		48 h	
	MAE	RMSE	MAE	RMSE	MAE	RMSE	MAE	RMSE
24×15h	5.210	5.895	3.677	4.126	4.118	5.033	5.143	6.249
24×20h	5.120	5.867	4.494	5.276	4.991	5.893	5.603	6.771

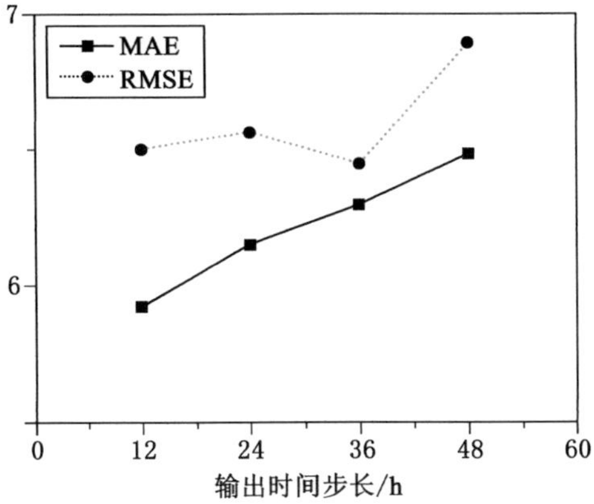

(a) 输入时间步长为24×5 h

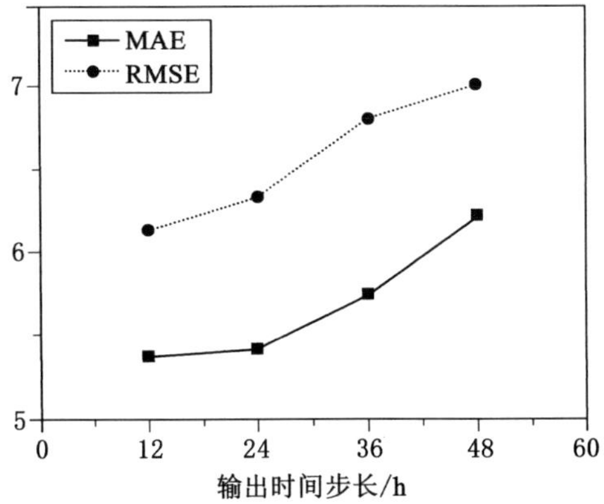

(b) 输入时间步长为24×10 h

图 5-2　并行结构模型 MAE 和 RMSE 变化趋势图

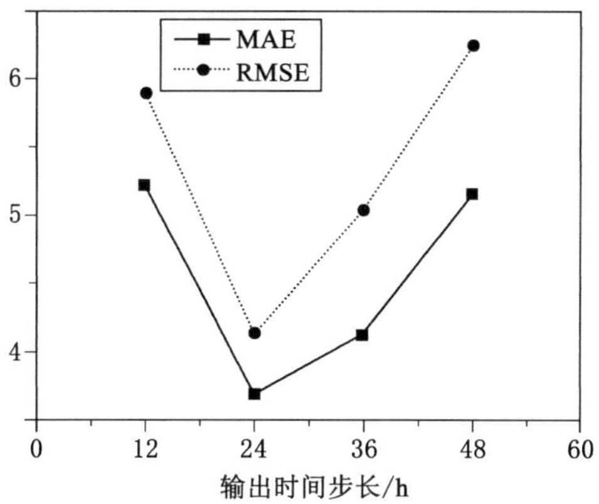

(c) 输入时间步长为24×15 h

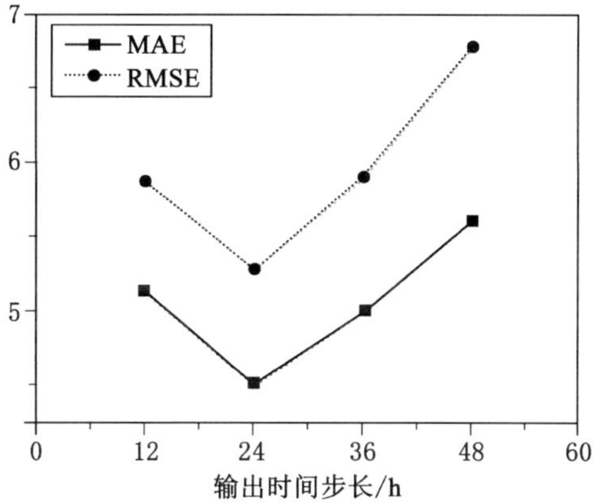

(d) 输入时间步长为24×20 h

图 5-2（续）

由图 5-2 可以直观地看出 CNN-BiLSTM-Attention 并行结构模型基于不同输入、输出时间步长的 MAE 和 RMSE 变化趋势。输入时间步长为 24×5 h 的情况下，输出时间步长为 12 h 时结果最优，MAE 和 RMSE 为 5.917 和 6.505。输入时间步长为 24×10 h 的情况下，输出时间步长为 12 h 时结果最优，MAE 和 RMSE 为 5.364 和 6.128。输入时间步长为 24×15 h 的情况下，输出时间步长为 24 h 时结果最优，MAE 和 RMSE 为 3.677 和 4.126。输入时间步长为 24×20 h 的情况下，输出时间步长为 24 h 时结果最优，MAE 和 RMSE 为 4.494 和 5.276。对上述结果综合分析得到，当输入时间步长为 24×15 h、输出时间步长为 24 h 时，MAE 和 RMSE 的数值最小,分别为 3.667 和 4.126,表示此时真实值与模型预测值之间的误差达到最低。

5.3.2 CNN-BiLSTM-Attention 串行结构模型

经过大量实验得到了 CNN-BiLSTM-Attention 串行结构模型在不同的输入、输出时间步长的 MAE 和 RMSE 数值(见表 5-4),将每组实验的评价指标结果分别绘制折线图(见图 5-3)。

表 5-4　串行结构模型实验结果

输入	输出							
	12 h		24 h		36 h		48 h	
	MAE	RMSE	MAE	RMSE	MAE	RMSE	MAE	RMSE
24×5 h	5.932	6.307	6.011	5.743	6.112	6.205	6.410	6.728
24×10 h	5.141	5.836	5.219	6.013	5.467	5.811	6.034	6.475
24×15 h	4.742	5.021	2.694	3.384	3.379	4.883	4.657	5.239
24×20 h	4.776	5.466	3.895	4.026	4.891	5.664	5.548	6.337

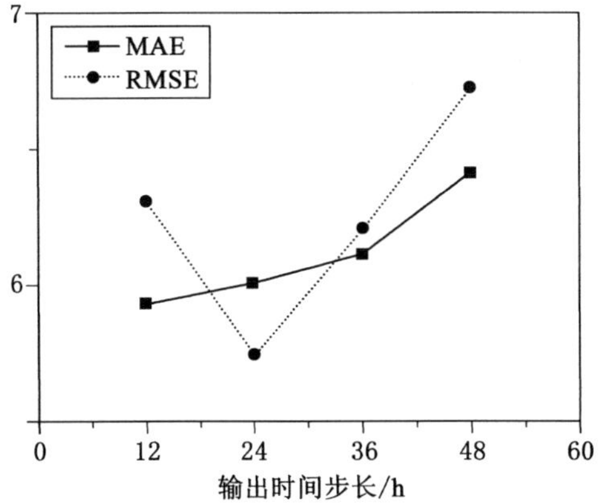

(a) 输入时间步长为24×5 h

图 5-3　串行结构模型 MAE 和 RMSE 变化趋势图

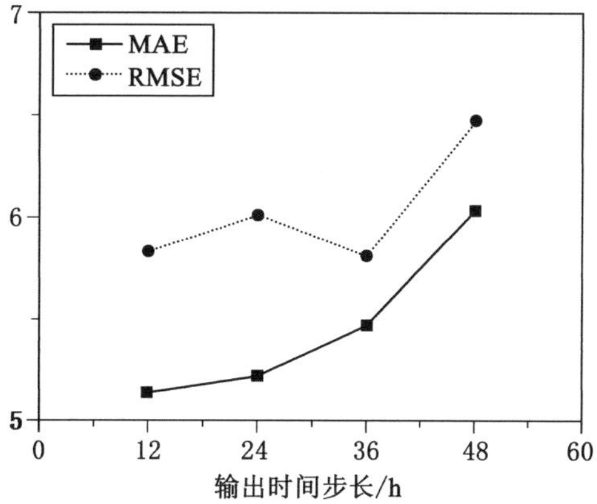

(b) 输入时间步长为24×10 h

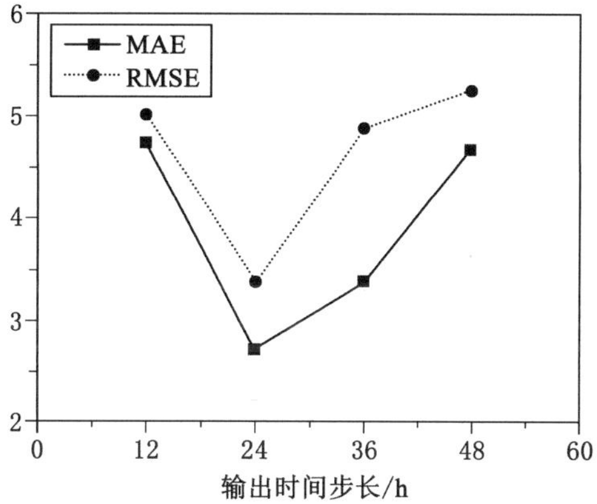

(c) 输入时间步长为24×15 h

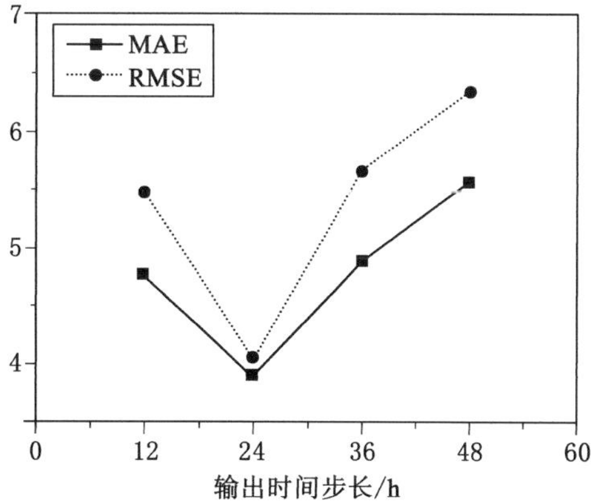

(d) 输入时间步长为24×20 h

图 5-3（续）

由图 5-3 可以直观地看出 CNN-BiLSTM-Attention 串行结构模型基于不同输入、输出时间步长的 MAE 和 RMSE 变化趋势。输入时间步长为 24×5 h 的情况下，输出时间步长为 24 h 时结果最优，MAE 和 RMSE 为 6.011 和 5.743。输入时间步长为 24×10 h 的情况下，输出时间步长为 12 h 时结果最优，MAE 和 RMSE 为 5.141 和 5.836。输入时间步长为 24×15 h 的情况下，输出时间步长为 24 h 时结果最优，MAE 和 RMSE 为 2.694 和 3.384。输入时间步长为 24×20 h 的情况下，输出时间步长为 24 h 时结果最优，MAE 和 RMSE 为 3.895 和 4.026。对上述结果综合分析得到，当输入时间步长为 24×15 h、输出时间步长为 24 h 时，MAE 和 RMSE 的数值最小，分别为 2.694 和 3.384，表示此时真实值与模型预测值之间的误差达到最低。

对上述实验结果进行综合对比分析，发现 CNN-BiLSTM-Attention 并行结构模型和串行结构模型均在输入时间步长为 24×15 h，输出时间步长为 24 h 时，MAE 和 RMSE 的数值取得了最小值，且串行结构模型的预测误差低于并行结构模型，串行结构模型的性能更优。因此，确定 CNN-BiLSTM-Attention 预测模型的最优结构为串行结构，最优输入时间步长为 24×15 h，最优输出时间步长为 24 h。在接下来的实验中选取 CNN-BiLSTM-Attention 串行结构模型继续进行实验，同时设置输入时间步长为 24×15 h，输出时间步长为 24 h，即训练模型的输入矩阵为 360×10(24×15×10)，24 表示一天 24 小时，15 表示输入 15 天的样本数据，每天有 24 组样本数据，每组样本数据包含 10 个变量，训练模型的输出为 24 h 的 PM2.5 浓度。模型的超参数设置见表 5-5。

表 5-5　模型超参数设置

超参数	参数值
CNN 滤波器大小	12
CNN 卷积核大小	64
卷积核步长	1
填充属性值	same
激活函数	ReLu

表 5-5（续）

超参数	参数值
BiLSTM 神经元数目	20
BiLSTM 丢弃率	0.2
Flatten 层丢弃率	0.5
Attention 层神经元数目	360
优化器	Adam
学习率	0.001
批量大小	200
迭代次数	50

5.4 短期预测实验

在 5.3 中基于不同的输入、输出时间步长分别利用 CNN-BiLSTM-Attention 并行结构模型和串行结构模型进行了大量实验，实验结果表明，CNN-BiLSTM-Attention 预测模型的最优结构为串行结构，最优输入时间步长为 24×15 h，最优输出时间步长为 24 h。为了进一步验证 CNN-BiLSTM-Attention 预测模型的性能以及其优越性，在本节中首先进行 CNN-BiLSTM-Attention 模型的短期预测实验，预测输出 24 h 的 PM2.5 浓度，然后设置对比模型短期预测实验，本书的对比模型选取了传统回归模型、机器学习模型、单一深度学习模型和混合深度学习模型，分别为 Lasso 回归、SVR、XGBoost、LSTM、BiLSTM、CNN-LSTM、CNN-BiLSTM、CNN-BiLSTM-Attention 模型，在将所有模型的超参数调整到最优的前提下进行对比实验，各个模型使用相同的数据集进行训练和测试，预测输出 24 h 的 PM2.5 浓度，并使用相同的评价指标对各个模型性能进行评估。

为了进一步验证模型的性能，从测试集中随机选取 4 组样本数据进行实验，每组样本数据包括 15 天的时间序列数据，输出 15 天之后的 24 h 的 PM2.5 浓度。图 5-4 为 PM2.5 浓度真实值和预测值的对比图。从图 5-4 中可以直观地看出，即使在数据波动较大的情况下，所提出的模型依然能够取得较好的预测效果，模型预测值和实际值拟合度均较高。4 组实验的评价指标 MAE、RMSE 和 R^2 分别为：2.576、3.068 和 0.964，2.695、3.237 和 0.952，2.601、3.113 和 0.967，2.493、2.994 和 0.969，4 组评价指标的平均值分别为 2.591、3.103 和 0.963。

为验证模型是否具有泛化性，从测试集中随机选取 10 组样本数据进行实验，得到的评价指标结果见表 5-6。

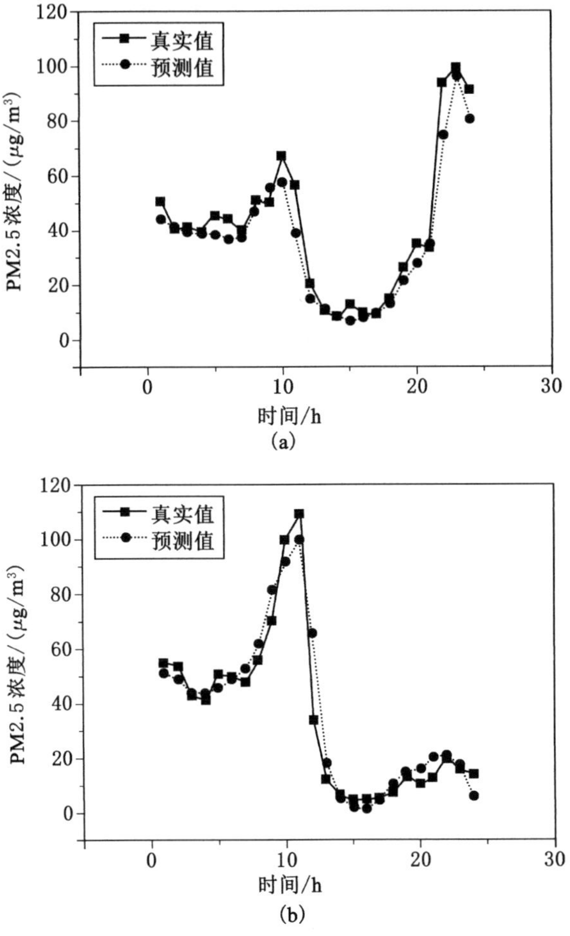

图 5-4　PM2.5 浓度真实值和预测值对比图

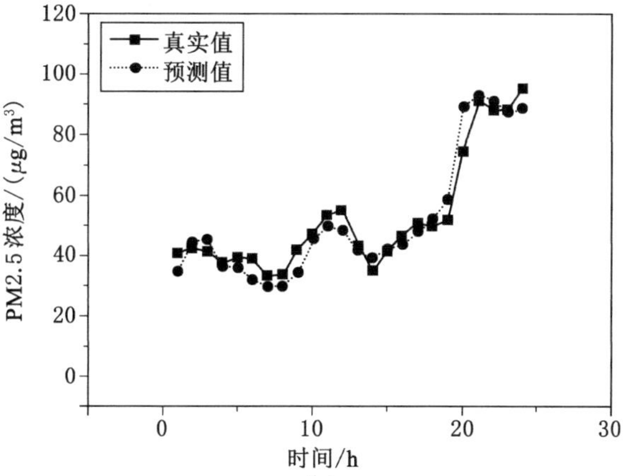

(c)

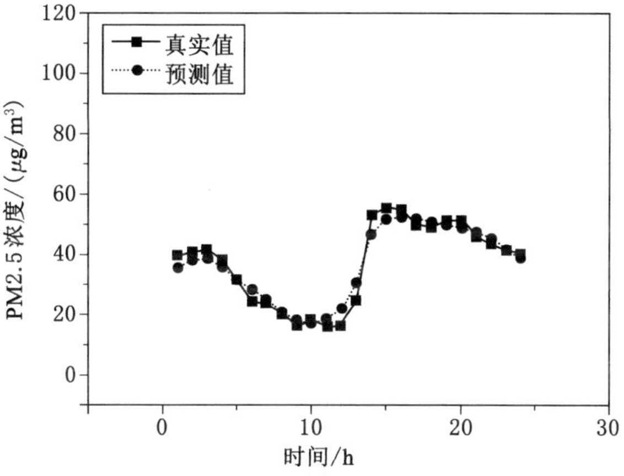

(d)

图 5-4（续）

表 5-6　10 组实验的评价指标结果

序号	MAE	RMSE	R^2
1	3.157	4.032	0.946
2	0.819	3.013	0.981
3	2.654	3.457	0.957
4	4.369	5.231	0.941
5	5.034	6.124	0.935

表 5-6（续）

序号	MAE	RMSE	R^2
6	2.327	2.983	0.963
7	2.489	3.112	0.961
8	1.736	2.035	0.967
9	1.601	1.901	0.960
10	3.056	3.948	0.950
平均值	2.724	3.584	0.956

从上表的评价指标结果可以看出，除个别实验的预测误差结果较大外，整体实验取得了较好的预测效果，说明本书建立的 CNN-BiLSTM-Attention 预测模型具有良好的泛化性。5.5 进行对比模型的实验。

5.5 对比模型短期预测实验

5.5.1 基于 Lasso 回归的 PM2.5 浓度短期预测实验

Lasso 回归是在线性回归模型中加入 L1 正则化项。正则化的目的是解决深度学习模型的过拟合问题。通过 Python 代码建立 Lasso 回归模型，然后利用训练集数据训练模型，模型训练完成后利用测试集数据进行预测，并计算评价指标 MAE、RMSE 和 R^2 的值。Lasso 回归模型参数设置见表 5-7。

表 5-7　Lasso 回归模型参数设置

参数	参数值
λ	0.005
α	1
损失函数	MSE
批量大小	128
迭代次数	100

将训练完成的模型利用测试集数据对 PM2.5 浓度进行预测，得到的预测值与真实值的对比见图 5-5。评价指标 MAE、RMSE 和 R^2 的值分别为：9.103、10.421 和 0.819。

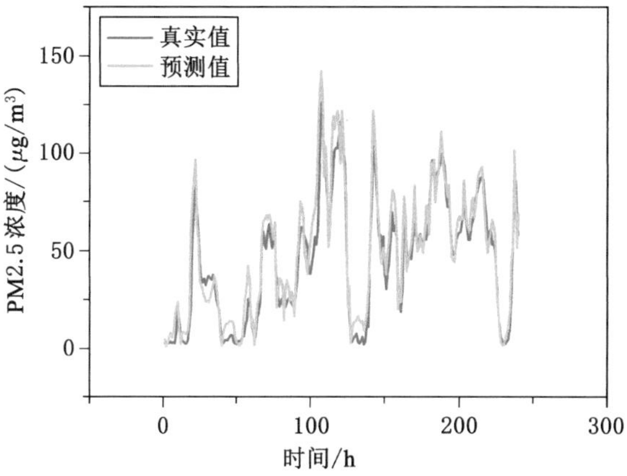

(a) 真实值与预测值折线对比图

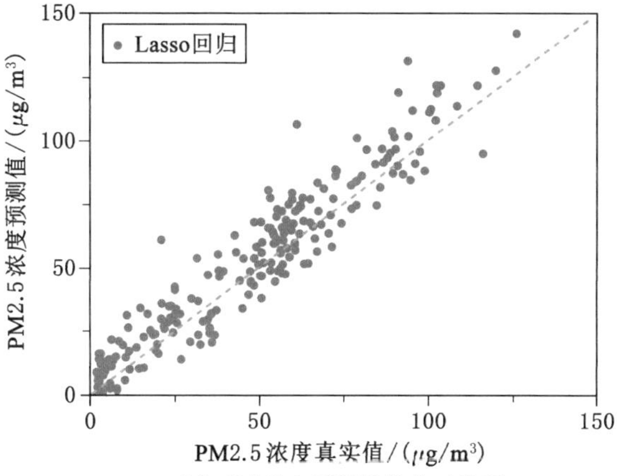

(b) 真实值与预测值散点对比图

图 5-5　基于 Lasso 回归模型的 PM2.5 浓度真实值和预测值对比图

5.5.2 基于 SVR 的 PM2.5 浓度短期预测实验

SVR 是支持向量回归算法，属于机器学习时间序列预测方法。通过 Python 代码建立 Lasso 回归模型，利用训练集数据训练模型，模型训练完成后利用测试集数据进行预测，并计算评价指标 MAE、RMSE 和 R^2 的值。SVR 模型参数设置见表 5-8。

表 5-8 SVR 模型参数设置

参数	参数值
核函数	RBF
核函数参数 g	0.04
惩罚系数 c	8
批量大小	128
迭代次数	100

将训练完成的模型利用测试集数据对 PM2.5 浓度进行预测，得到的预测值与真实值的对比见图 5-6。评价指标 MAE、RMSE 和 R^2 的值分别为：8.527、10.233 和 0.841。

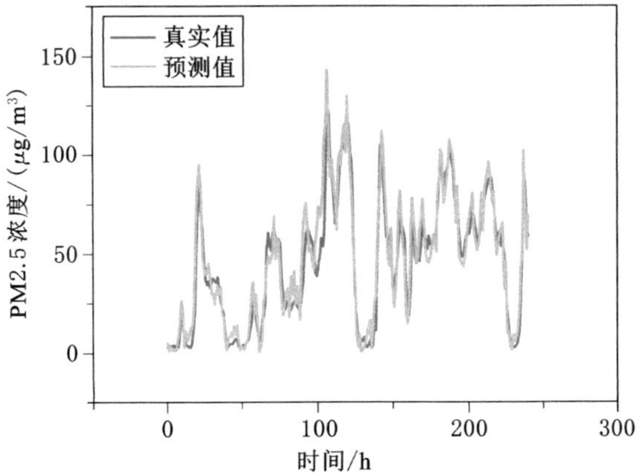

(a) 真实值与预测值折线对比图

图 5-6 基于 SVR 模型的 PM2.5 浓度真实值和预测值对比图

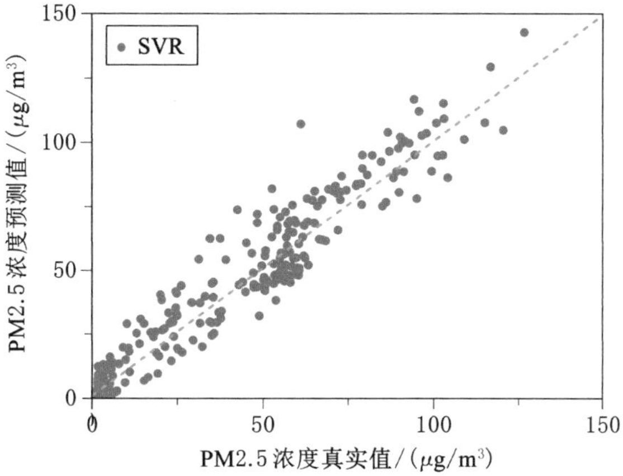

(b) 真实值与预测值散点对比图

图 5-6（续）

5.5.3 基于 XGBoost 的 PM2.5 浓度短期预测实验

XGBoost 是基于决策树的集成机器学习算法，属于机器学习时间序列预测方法，通过 Python 代码建立 XGBoost 模型，然后利用训练集数据训练模型，模型训练完成后利用测试集数据进行预测，并计算评价指标 MAE、RMSE 和 R^2 的值，模型参数设置见表 5-9。

表 5-9　XGBoost 模型参数设置

参数	参数值
学习率	0.05
n 个估计量	2000
最大深度	6
子样品	0.75
树采集率	0.5
批量大小	128
迭代次数	100

将训练完成的模型利用测试集数据对 PM2.5 浓度进行预测，得到的预测值与真实值的对比见图 5-7。评价指标 MAE、RMSE 和 R^2 的值分别为：8.174、9.712 和 0.849。

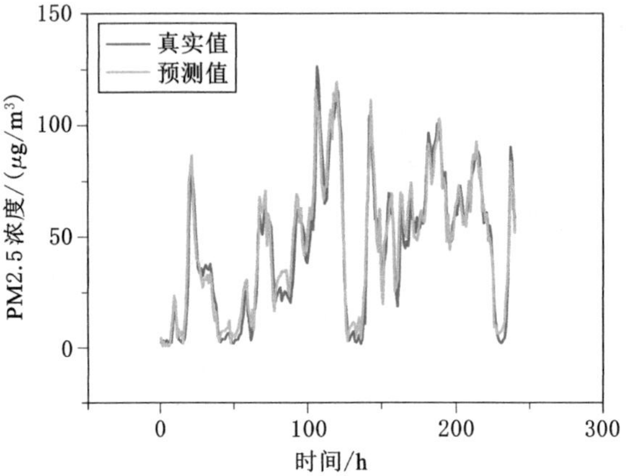

(a) 真实值与预测值折线图

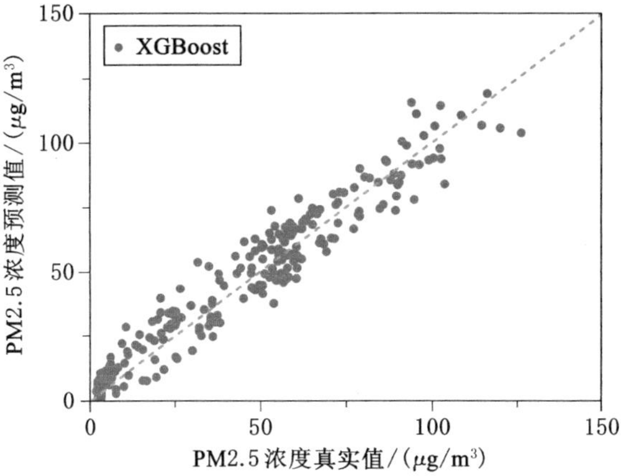

(b) 真实值与预测值散点图

图 5-7　基于 XGBoost 模型的 PM2.5 浓度真实值和预测值对比图

5.5.4　基于 LSTM 的 PM2.5 浓度短期预测实验

LSTM 属于深度学习时间序列预测方法，在 3.4 中对其进行了介绍，根据 4.2 中建立的 LSTM 模型结构，通过 Python 代码建立 LSTM 预测模型，然后利用训练集数据训练模型，模型训练完成后利用测试集数据进行预测，并计算评价指标 MAE、RMSE 和 R^2 的值。LSTM 模型参数设置见表 5-10。

表 5-10 LSTM 模型参数设置

参数	参数值
激活函数	ReLU
隐藏层神经元数量	20
优化器	Adam
学习率	0.001
损失函数	MSE
丢包率	0.5
批量大小	128
迭代次数	100

将训练完成的模型利用测试集数据对 PM2.5 浓度进行预测，得到的预测值与真实值的对比见图 5-8。评价指标 MAE、RMSE 和 R^2 的值分别为：7.434、9.216 和 0.865。

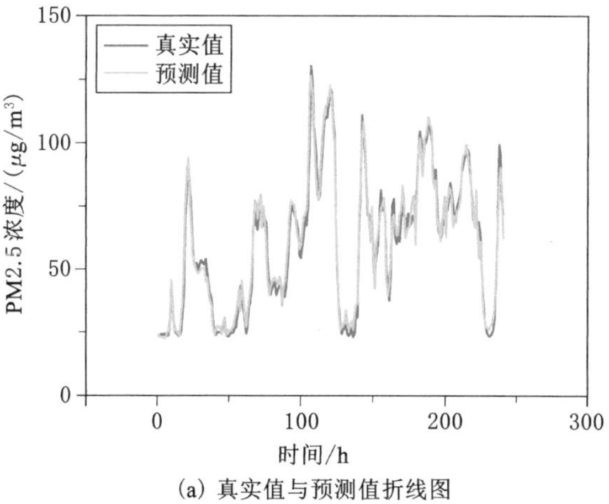

(a) 真实值与预测值折线图

图 5-8 基于 LSTM 模型的 PM2.5 浓度真实值和预测值对比图

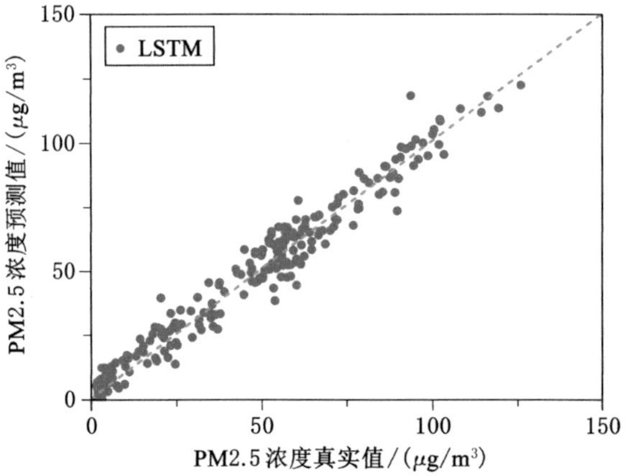

(b) 真实值与预测值散点图

图 5-8（续）

5.5.5 基于 BiLSTM 的 PM2.5 浓度短期预测实验

BiLSTM 属于深度学习时间序列预测方法，是构成本章所建立的混合模型的算法之一，在第 3 章的 3.4 中对其进行了介绍，根据 4.2 建立的 BiLSTM 模型结构，通过 Python 代码建立 BiLSTM 预测模型，然后利用训练集数据训练模型，模型训练完成后利用测试集数据进行预测，并计算评价指标 MAE、RMSE 和 R^2 的值。BiLSTM 模型参数设置见表 5-11。

表 5-11　BiLSTM 模型参数设置

参数	参数值
激活函数	ReLU
隐藏层神经元数量	20
优化器	Adam
学习率	0.001
损失函数	MSE
丢包率	0.2

表 5-11（续）

参数	参数值
批量大小	128
迭代次数	100

将训练完成的模型利用测试集数据对 PM2.5 浓度进行预测，得到的预测值与真实值的对比见图 5-9。评价指标 MAE、RMSE 和 R^2 的值分别为：6.538、8.571 和 0.891。

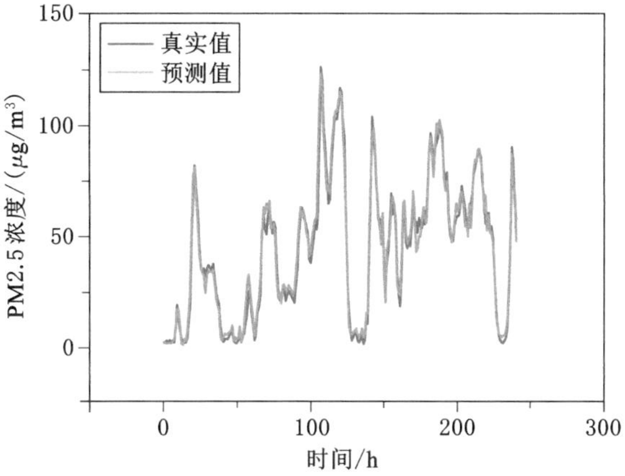

(a) 真实值与预测值折线对比图

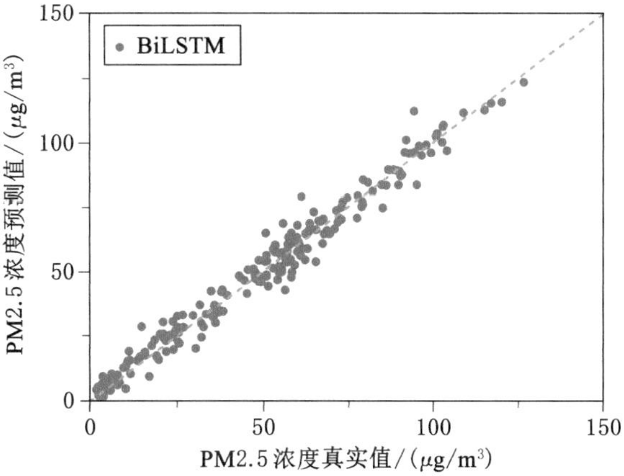

(b) 真实值与预测值散点对比图

图 5-9 基于 BiLSTM 模型的 PM2.5 浓度真实值和预测值对比图

5.5.6 基于 CNN-LSTM 的 PM2.5 浓度短期预测实验

将 CNN 和 LSTM 结合构成 CNN-LSTM 混合模型，属于深度学习混合模型时间序列预测方法，通过 Python 代码建立 CNN-LSTM 预测模型，利用训练集数据训练模型，模型训练完成后利用测试集数据进行预测，并计算评价指标 MAE、RMSE 和 R^2 的值。CNN-LSTM 模型参数设置见表 5-12。

表 5-12 CNN-LSTM 模型参数设置

参数	参数值
卷积层滤波器大小	12
卷积层卷积核大小	64
卷积层卷积核步长	1
卷积层激活函数	ReLU
卷积层填充值属性	same
池化层填充值属性	valid
LSTM 激活函数	ReLU
隐藏层神经元数量	20
优化器	Adam
学习率	0.001
损失函数	MSE
丢包率	0.2
批量大小	128
迭代次数	100

将训练完成的模型利用测试集数据对 PM2.5 浓度进行预测，得到的预测值与真实值的对比见图 5-10。评价指标 MAE、RMSE 和 R^2 的值分别为：5.711、7.136 和 0.929。

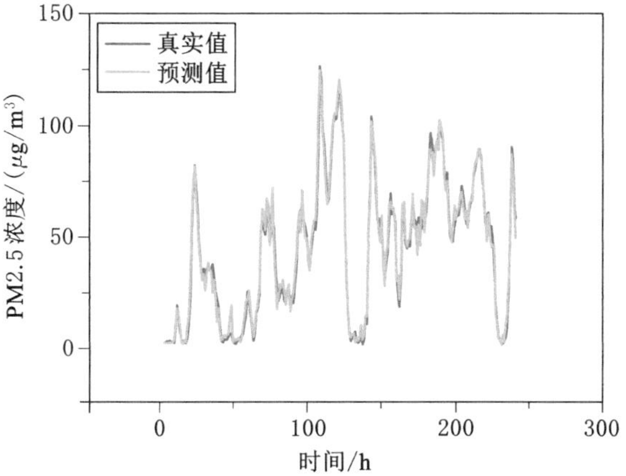

(a) 真实值与预测值折线对比图

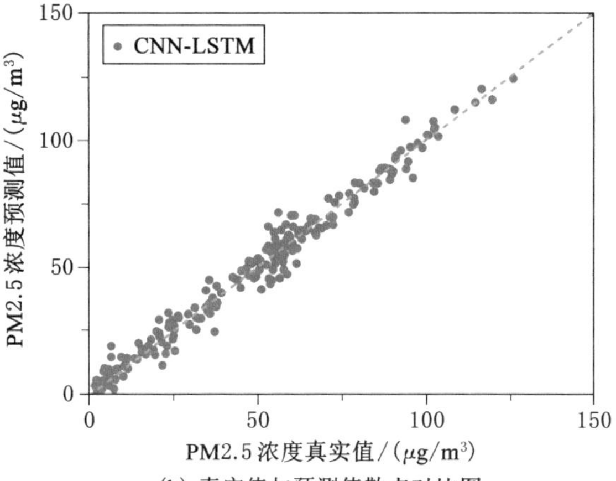

(b) 真实值与预测值散点对比图

图 5-10 基于 CNN-LSTM 模型的 PM2.5 浓度真实值和预测值对比图

5.5.7 基于 CNN-BiLSTM 的 PM2.5 浓度短期预测实验

将 CNN 和 BiLSTM 结合构成 CNN-BiLSTM 混合模型，属于深度学习混合模型时间序列预测方法，通过 Python 代码建立 CNN-BiLSTM 预测模型，然后利用训练集数据训练模型，模型训练完成后利用测试集数据进行预测，并计算评价指标 MAE、RMSE 和 R^2 的值。CNN-BiLSTM 模型参数设置见表 5-13。

表 5-13　CNN-BiLSTM 模型参数设置

参数	参数值
卷积层滤波器大小	12
卷积层卷积核大小	64
卷积层卷积核步长	1
卷积层激活函数	ReLU
卷积层填充值属性	same
池化层填充值属性	valid
LSTM 激活函数	ReLU
隐藏层神经元数量	20
优化器	Adam
学习率	0.001
损失函数	MSE
丢包率	0.2
批量大小	128
迭代次数	100

将训练完成的模型利用测试集数据对 PM2.5 浓度进行预测，得到的预测值与真实值的对比见图 5-11。评价指标 MAE、RMSE 和 R^2 的值分别为：3.843、5.417 和 0.938。

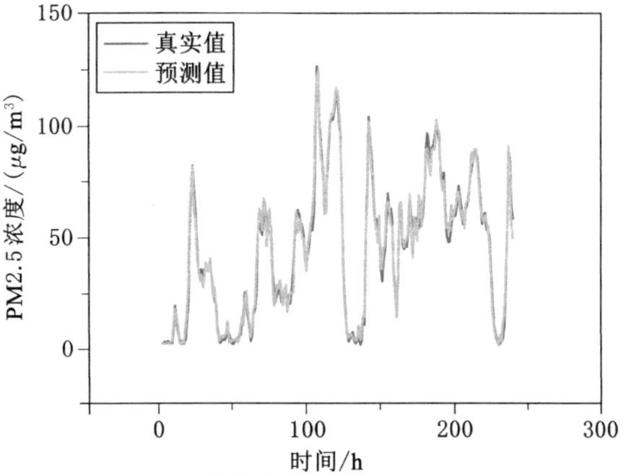

(a) 真实值与预测值折线对比图

图 5-11　基于 CNN-BiLSTM 模型的 PM2.5 浓度真实值和预测值对比图

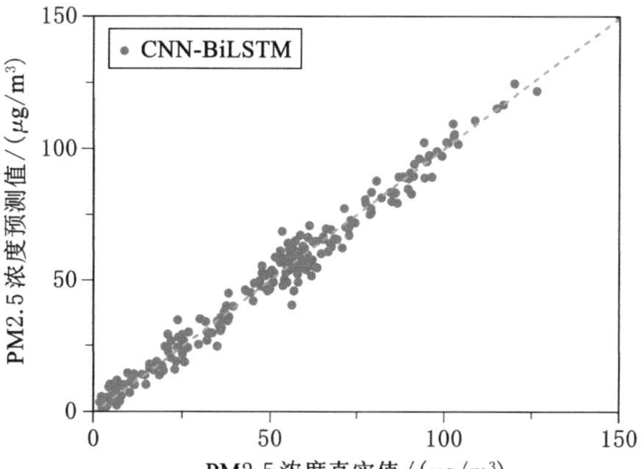

(b) 真实值与预测值散点对比图

图 5-11（续）

5.5.8 基于 CNN-BiLSTM-Attention 的 PM2.5 浓度短期预测实验

在 CNN-BiLSTM 模型的基础上添加注意力机制，构成 CNN-BiLSTM-Attention 混合模型，属于深度学习混合模型时间序列预测方法。通过 Python 代码建立 CNN-BiLSTM-Attention 预测模型，利用训练集数据训练模型，模型训练完成后利用测试集数据进行预测，并计算评价指标 MAE、RMSE 和 R^2 的值。CNN-BiLSTM-Attention 模型参数设置见表 5-14。

表 5-14 CNN-BiLSTM-Attention 模型参数设置

参数	参数值
卷积层滤波器大小	12
卷积层卷积核大小	64
卷积层卷积核步长	1
卷积层激活函数	ReLU
卷积层填充值属性	same
池化层填充值属性	valid

表 5-14（续）

参数	参数值
LSTM 激活函数	ReLU
隐藏层神经元数量	20
优化器	Adam
Attention 层激活函数	softmax
Attention 层神经元数量	360
学习率	0.001
损失函数	MSE
丢包率	0.2
批量大小	128
迭代次数	100

将训练完成的模型利用测试集数据对 PM2.5 浓度进行预测，得到的预测值与真实值的对比见图 5-12。评价指标 MAE、RMSE 和 R^2 的值分别为：2.694、3.384 和 0.957。

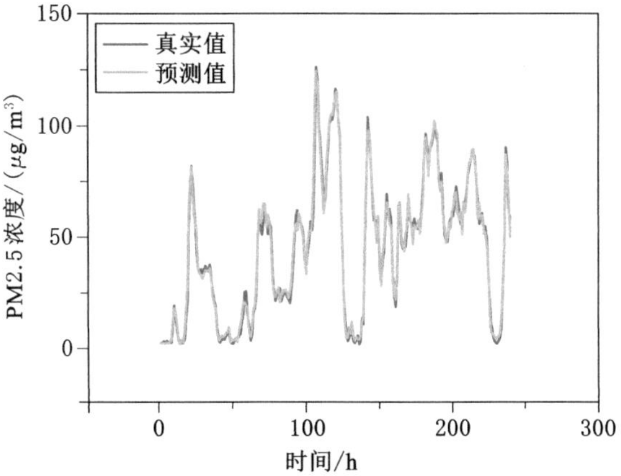

(a) 真实值与预测值折线对比图

图 5-12　基于 CNN-BiLSTM-Attention 模型的 PM2.5 浓度真实值和预测值对比图

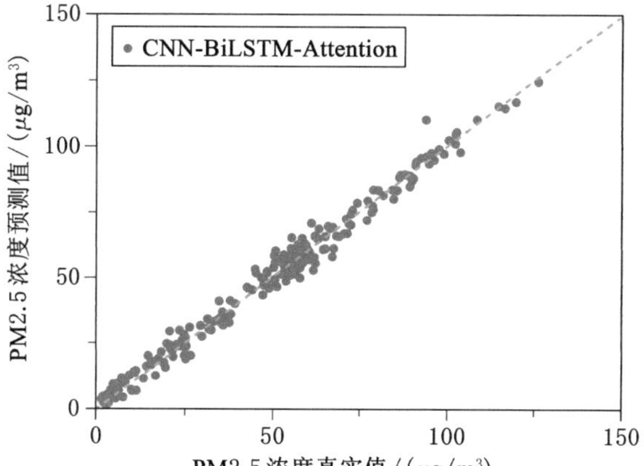

(b) 真实值与预测值散点对比图

图 5-12（续）

5.5.9 对比实验结果综合分析

对比实验完成后，为了更加直观地比较不同模型之间的预测性能，将所有模型的实验结果放到一起进行综合分析，图 5-13 为前述模型 PM2.5 浓度真实值和预测值对比的折线图，图 5-14 为前述模型 PM2.5 浓度真实值和预测值的散点图。

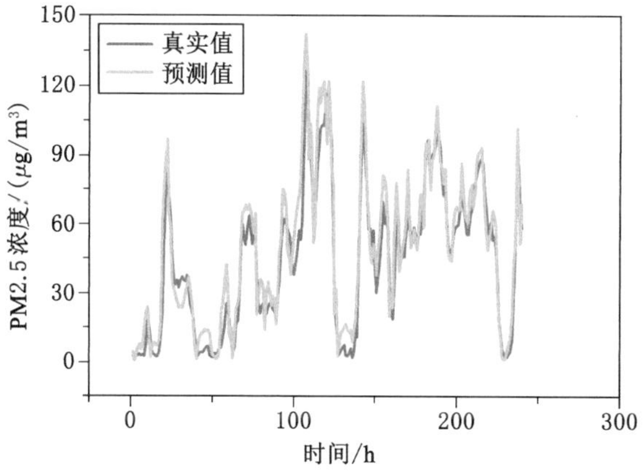

(a) Lasso回归

图 5-13　各模型真实值和预测值对比折线图

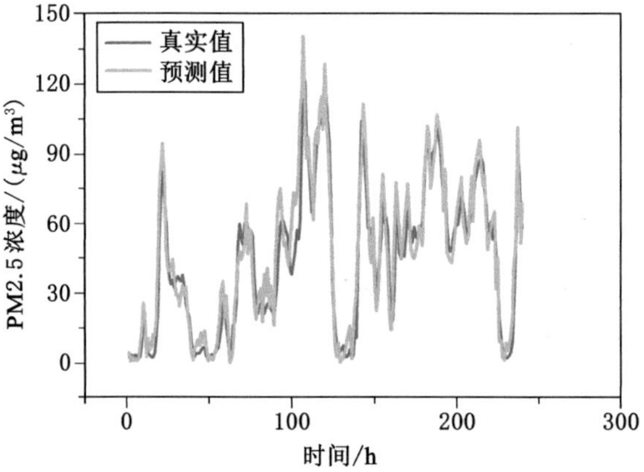

(b) SVR

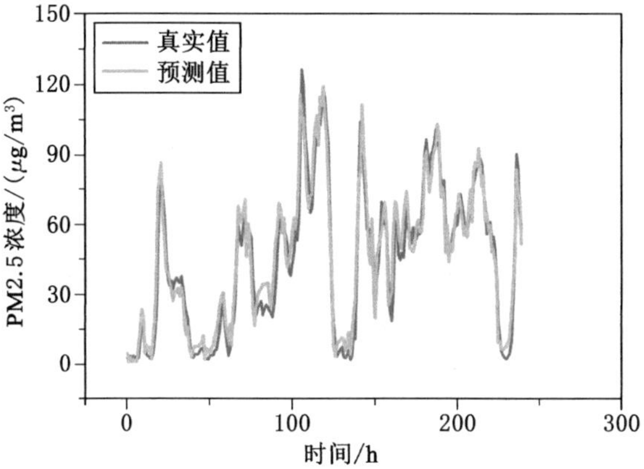

(c) XGBoost

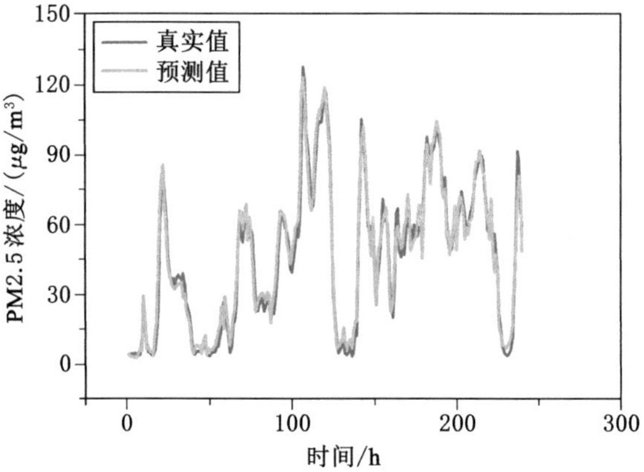

(d) LSTM

图 5-13（续）

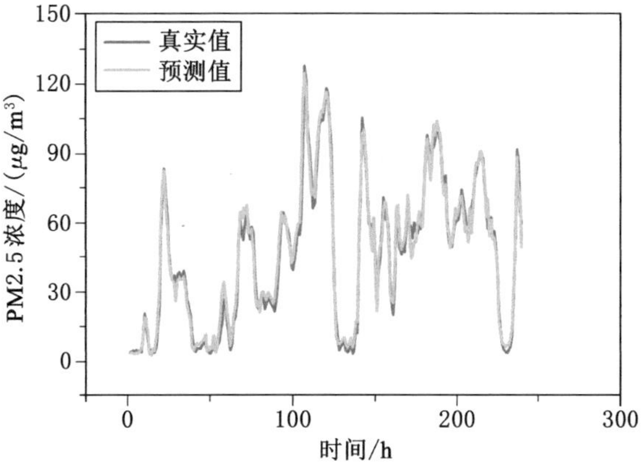

(e) BiLSTM

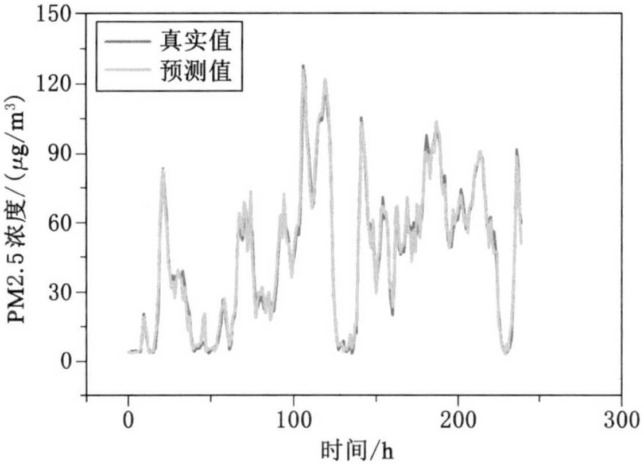

(f) CNN-LSTM

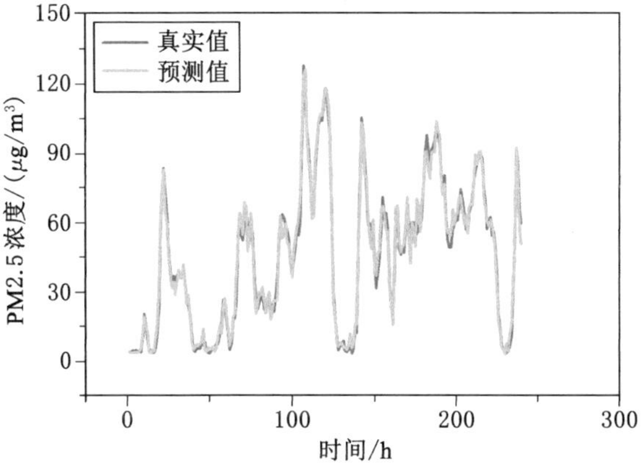

(g) CNN-BiLSTM

图 5-13（续）

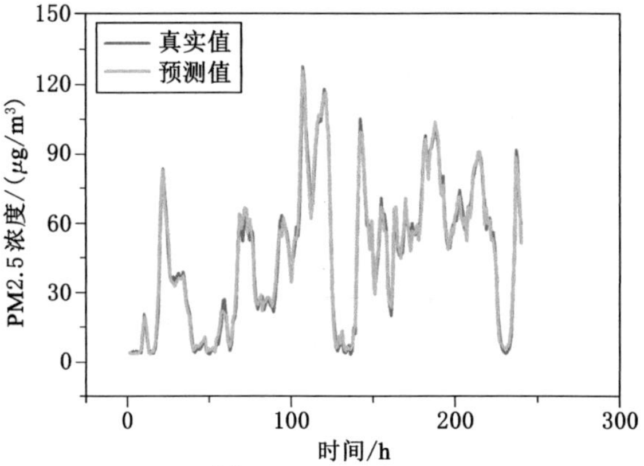

(h) CNN-BiLSTM-Attention

图 5-13（续）

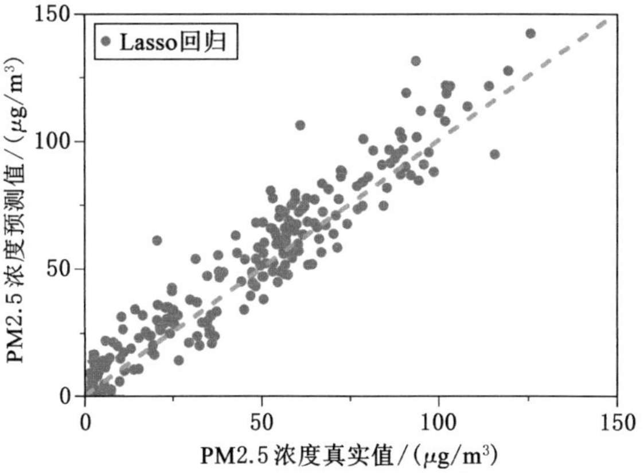

(a) Lasso回归

图 5-14　各模型真实值和预测值对比散点图

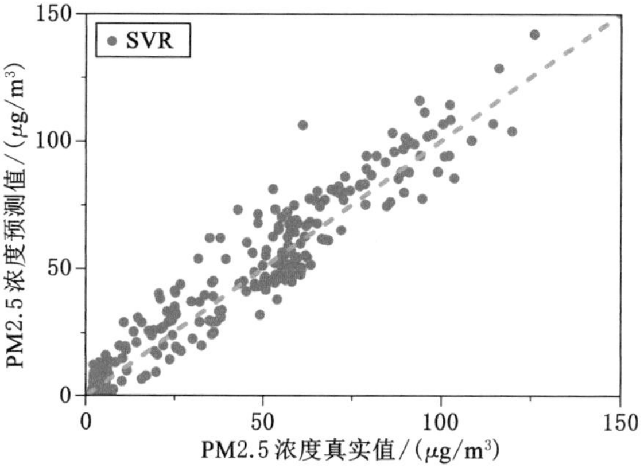

(b) SVR

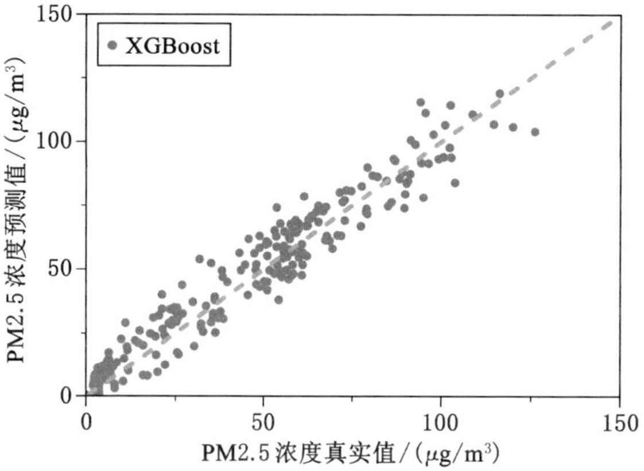

(c) XGBoost

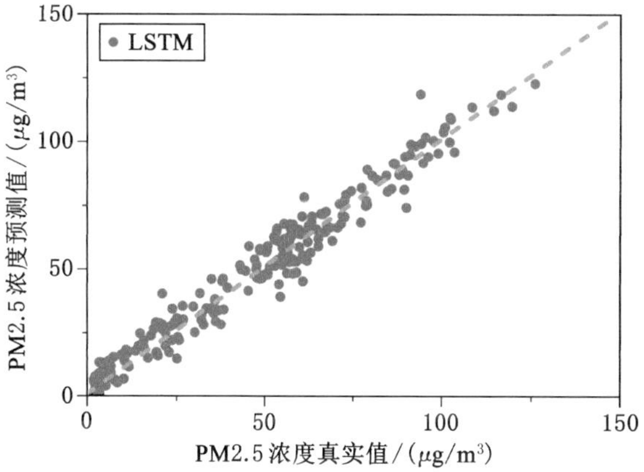

(d) LSTM

图 5-14（续）

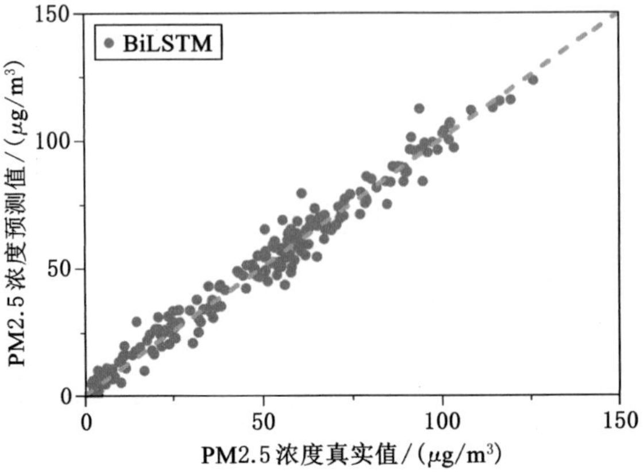

(e) BiLSTM

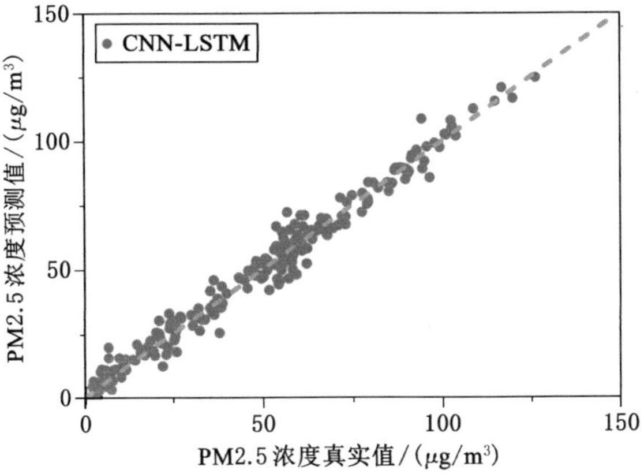

(f) CNN-LSTM

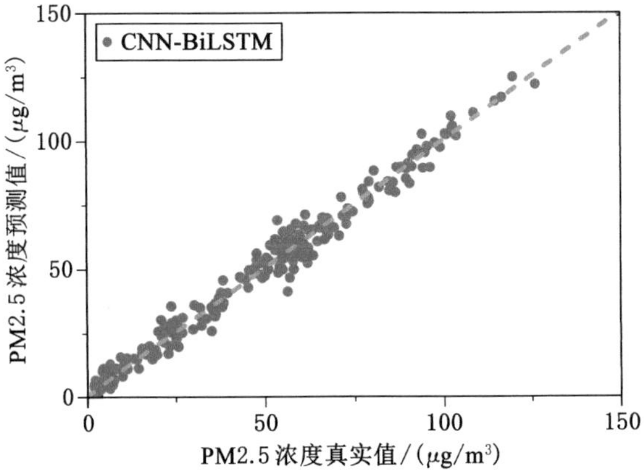

(g) CNN-BiLSTM

图 5-14（续）

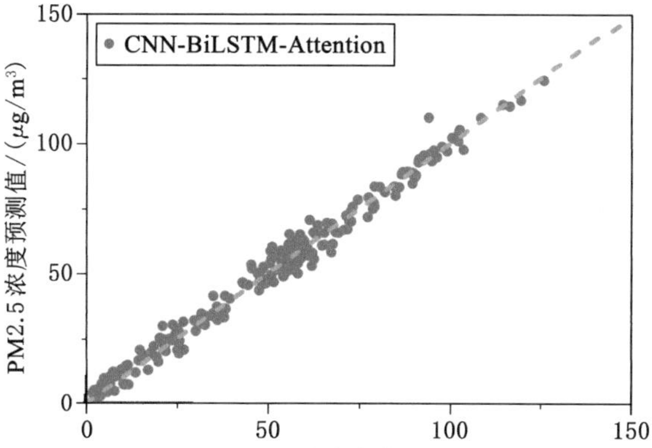

(h) CNN-BiLSTM-Attention

图 5-14（续）

结合图 5-13 和图 5-14 可以看出，Lasso 回归、SVR 和 XGBoost 模型的预测值与真实值之间误差较大，其中 Lasso 回归的预测效果是最差的。折线图中真实值与预测值的曲线存在明显的偏差，散点图中真实值与预测值的分布比较分散，当散点越靠近于对角线时，则说明真实值与预测值误差较小，反之，则说明误差较大。因此，可以得到实验结论为传统模型的预测效果较差，其次为机器学习模型，深度学习模型的预测效果明显优于传统模型和机器学习模型，同时，混合深度学习模型预测精度优于单一的深度学习模型。通过进一步观察可以发现，添加了注意力机制的 CNN-BiLSTM-Attention 模型性能最优，其真实值与预测值散点分布更加集中，在所有的对比模型中预测误差最小。8 种预测模型的评价指标结果见表 5-15，8 种预测模型的 MAE 见图 5-15，8 种预测模型的 RMSE 见图 5-16，8 种预测模型的 R^2 见图 5-17。

表 5-15　8 种预测模型的评价指标结果

模型	评价指标		
	MAE	RMSE	R^2
Lasso 回归	9.103	10.421	0.819

表 5-15（续）

模型	评价指标		
	MAE	RMSE	R^2
SVR	8.527	10.233	0.841
XGBoost	8.174	9.712	0.849
LSTM	7.434	9.216	0.865
BiLSTM	6.538	8.571	0.891
CNN-LSTM	5.711	7.136	0.929
CNN-BiLSTM	3.843	5.417	0.938
CNN-BiLSTM-Attention	2.694	3.384	0.957

由表 5-15、图 5-15、图 5-16 和图 5-17 可知，Lasso 回归模型的 MAE 和 RMSE 均为最大，R^2 为最小，分别为 9.103、10.421 和 0.819。CNN-BiLSTM-Attention 模型的 MAE 和 RMSE 均为最小，R^2 为最大，分别为 2.694、3.384 和 0.957。8 种模型的 MAE 从高到低依次为 Lasso 回归模型、SVR 模型、XGBoost 模型、LSTM 模型、BiLSTM 模型、CNN-LSTM 模型、

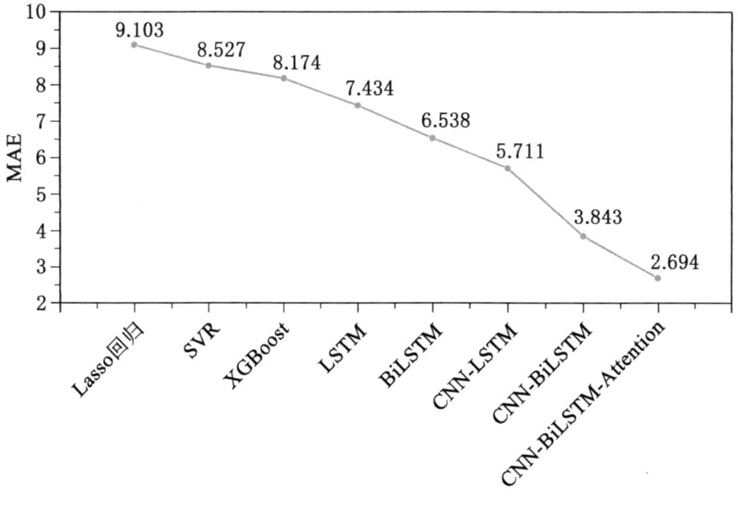

图 5-15　8 种模型 MAE 对比图

CNN-BiLSTM 模型和 CNN-BiLSTM-Attention 模型。8 种模型的 RMSE 从高到低依次为 Lasso 回归模型、SVR 模型、XGBoost 模型、LSTM 模型、BiLSTM 模型、CNN-LSTM 模型、CNN-BiLSTM 模型和 CNN-BiLSTM-Attention 模型。8 种模型的 R^2 从高到低依次为 CNN-BiLSTM-Attention 模型、CNN-BiLSTM 模型、CNN-LSTM 模型、BiLSTM 模型、LSTM 模型、XGBoost 模型、SVR 模型和 Lasso 回归模型。

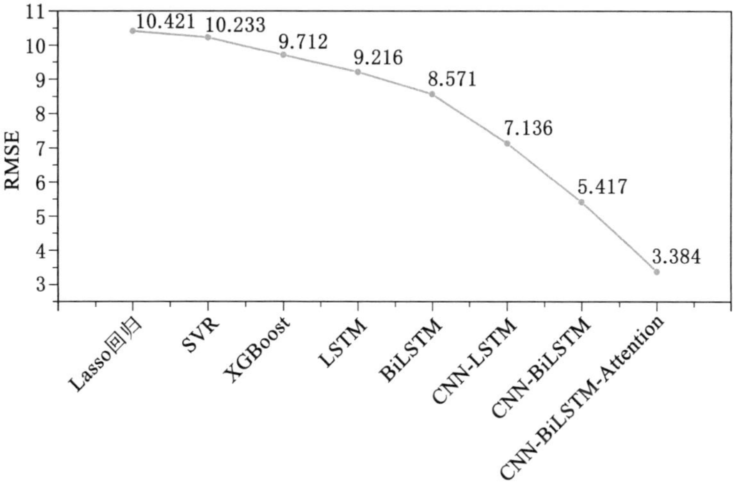

图 5-16　8 种模型 RMSE 对比图

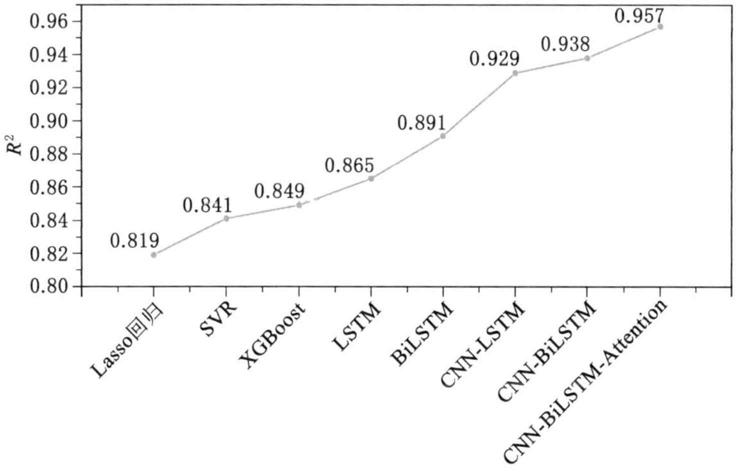

图 5-17　8 种模型 R^2 对比图

SVR 模型与 Lasso 回归模型相比，MAE 由 9.103 降到 8.527，RMSE 由 10.421 降到 10.233，R^2 由 0.819 提高到 0.841。XGBoost 模型与 Lasso 回归模型相比，MAE 由 9.103 降到 8.174，RMSE 由 10.421 降到 9.712，R^2 由 0.819 提高到 0.849。评价指标的结果也验证了机器学习模型的预测性能优于传统回归模型，Lasso 回归模型对时间序列数据的学习能力较差。

LSTM 模型与 XGBoost 模型相比，MAE 由 8.174 降到 7.434，RMSE 由 9.712 降到 9.216，R^2 由 0.849 提高到 0.865。BiLSTM 模型与 XGBoost 模型相比，MAE 由 8.174 降到 6.538，RMSE 由 9.712 降到 8.571，R^2 由 0.849 提高到 0.891。BiLSTM 模型与 LSTM 模型相比，MAE 由 7.434 降到 6.538，RMSE 由 9.216 降到 8.571，R^2 由 0.865 提高到 0.891。评价指标的结果也验证了深度学习模型的预测性能优于机器学习模型，深度学习模型拥有更宽、更深的网络结构，对数据的学习能力更强。同时 BiLSTM 模型在 LSTM 模型的基础上增加了后向 LSTM，进一步提高了数据学习能力，BiLSTM 模型的预测精度有所提高。

CNN-LSTM 模型与 BiLSTM 模型相比，MAE 由 6.538 降到 5.711，RMSE 由 8.571 降到 7.136，R^2 由 0.891 提高到 0.929。CNN-BiLSTM 模型与 BiLSTM 模型相比，MAE 由 6.538 降到 3.843，RMSE 由 8.571 降到 5.417，R^2 由 0.891 提高到 0.938。评价指标的结果验证了深度学习混合模型的预测性能优于单一深度学习模型，首先通过 CNN 对数据的局部特征进行提取，其次学习数据的时间序列特征，从而提高了模型对数据的学习能力。

CNN-BiLSTM-Attention 模型与 CNN-BiLSTM 模型相比，MAE 由 3.843 降到 2.694，RMSE 由 5.417 降到 3.384，R^2 由 0.938 提高到 0.957，评价指标的结果验证了在模型中引入注意力机制后，通过注意力机制获取不同时刻的影响因子对当前时刻 PM2.5 浓度的影响程度，为变量赋予权重，从而提高模型的预测精度。

为了能够更加直观地看出各模型的预测效果之间的对比，本书选取各模型前 48 组的真实值和预测值，画出其折线图，见图 5-18，可以很明显地看出，本书提出的模型得到的预测值最接近真实值，预测精度最高。这是由于该模型不仅能对非线性特征进行局部提取，还能提取数据双向全局的时序性特征，并通过注意力机制对变量赋予权重，充分地挖掘数据信息。

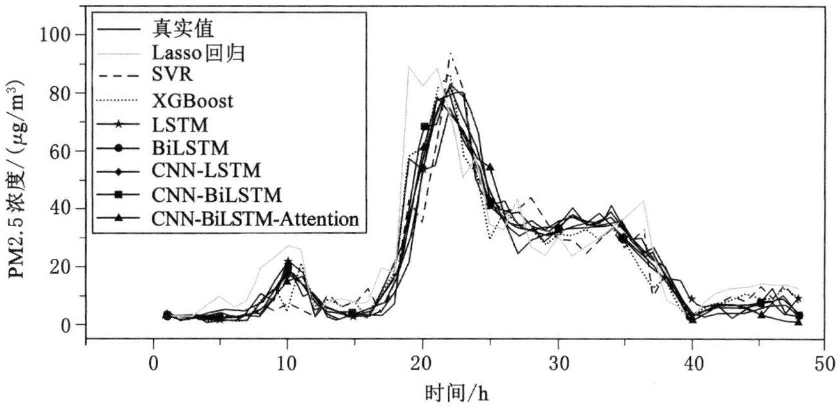

图 5-18　8 种模型真实值和预测值对比

5.6 长期预测

5.6.1 基于 CNN-BiLSTM-Attention 的 PM2.5 浓度长期预测实验

在 5.4 中进行了预测未来 24 小时 PM2.5 浓度的短期预测实验，为了检验所提出模型的鲁棒性，还需要通过模型进行长期预测的实验，本节设置了 48 h、72 h、96 h 和 120 h 的长期预测实验，实验结果见图 5-19、图 5-20、图 5-21 和图 5-22。从图 5-19 至图 5-22 可以看出，随着预测时间步长的增长，预测误差也逐渐增大，但预测结果仍能拟合出数据的变化趋势。当预测时间逐渐增加时，预测数据（输出）与已知数据（输入）之间的相关性降低，各个变量对 PM2.5 浓度的影响也会逐渐降低，注意力机制对变量赋予的权重也会受到影响，从而导致预测精度降低，误差增大。

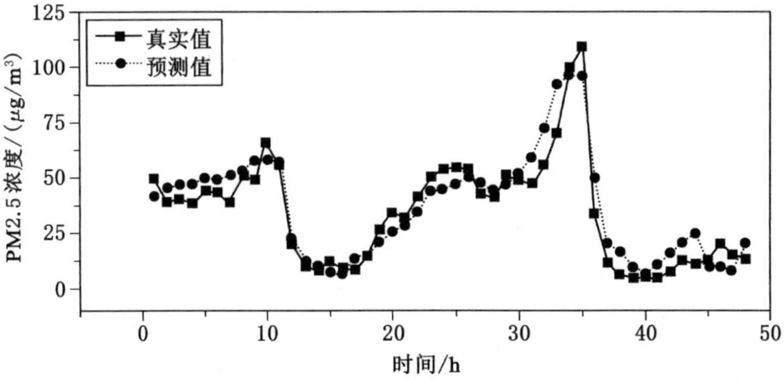

图 5-19 预测输出时间步长为 48 h 时真实值与预测值对比图

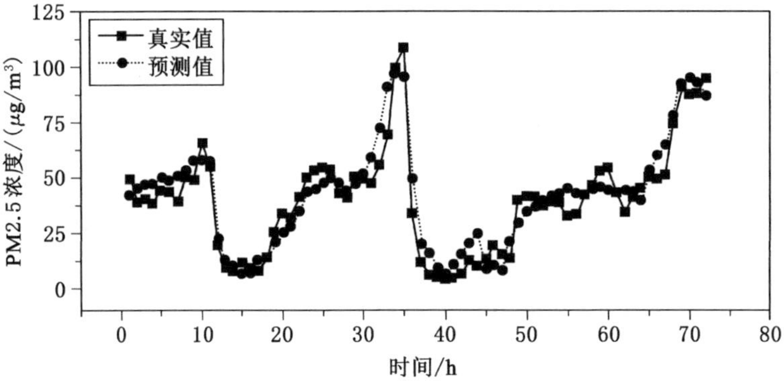

图 5-20 预测输出时间步长为 72 h 时真实值与预测值对比图

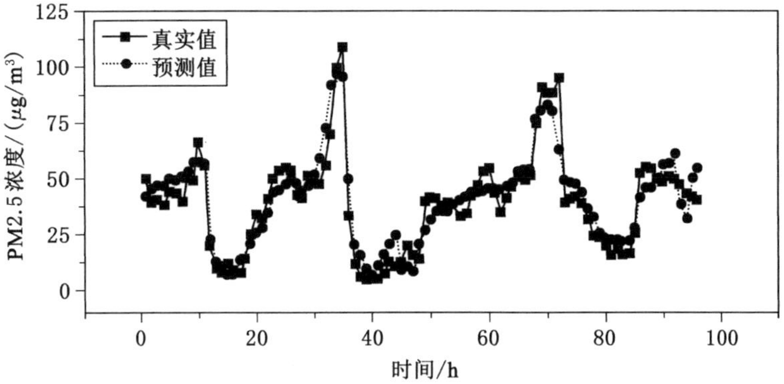

图 5-21 预测输出时间步长为 96 h 时真实值与预测值对比图

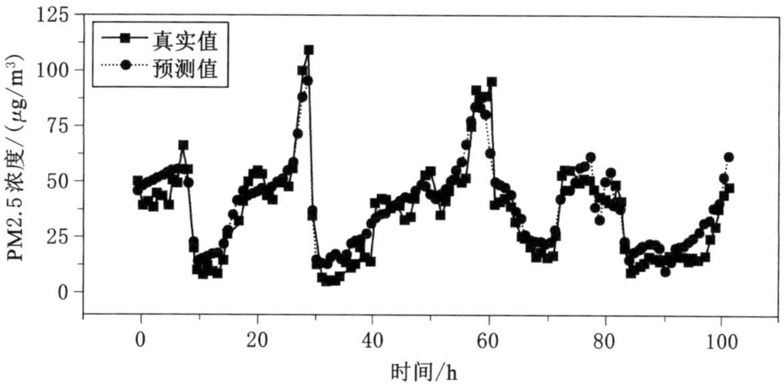

图 5-22 预测输出时间步长为 120 h 时真实值与预测值对比图

5.6.2 各个模型长期预测评价指标对比

本部分将 5.4 中的对比模型进一步做了同样的长期预测实验，通过评价指标 MAE 和 RMSE 对模型性能进行比较，各个模型在不同输出时间步长下的评价指标见表 5-16。图 5-23 是输出时间步长为 48 h 时 8 种模型的 MAE 和 RMSE，图 5-24 是输出时间步长为 72 h 时 8 种模型的 MAE 和 RMSE，图 5-25 是输出时间步长为 96 h 时 8 种模型的 MAE 和 RMSE，图 5-26 是输出时间步长为 120 h 时 8 种模型的 MAE 和 RMSE。

表 5-16 8 种模型长期预测 MAE 和 RMSE

模型	输出时间步长							
	48 h		72 h		96 h		120 h	
	MAE	RMSE	MAE	RMSE	MAE	RMSE	MAE	RMSE
Lasso 回归	10.975	11.973	11.730	13.267	12.959	14.426	14.012	16.581
SVR	10.582	11.478	11.139	12.638	11.678	13.851	12.689	15.784
XGBoost	9.033	12.017	10.867	13.980	12.835	14.256	13.499	16.131
LSTM	7.934	10.113	9.101	12.037	10.549	12.938	12.893	15.318
BiLSTM	7.129	9.356	8.226	10.519	9.660	12.103	12.130	14.694

表 5-16（续）

模型	输出时间步长							
	48 h		72 h		96 h		120 h	
	MAE	RMSE	MAE	RMSE	MAE	RMSE	MAE	RMSE
CNN-LSTM	6.438	8.376	7.859	9.661	9.126	10.467	11.871	13.251
CNN-BiLSTM	5.823	7.931	6.742	8.519	6.921	8.919	7.532	10.476
CNN-BiLSTM-Attention	4.657	5.239	6.035	7.254	6.348	8.658	6.957	8.985

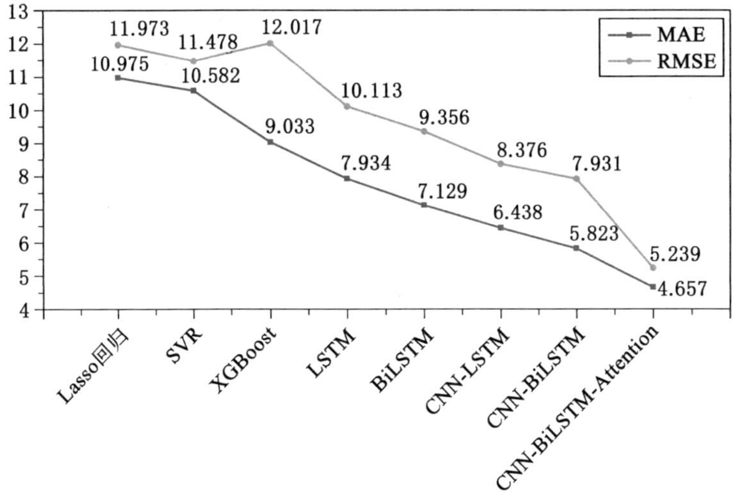

图 5-23　输出时间步长为 48 h 时各模型的 MAE 和 RMSE 对比图

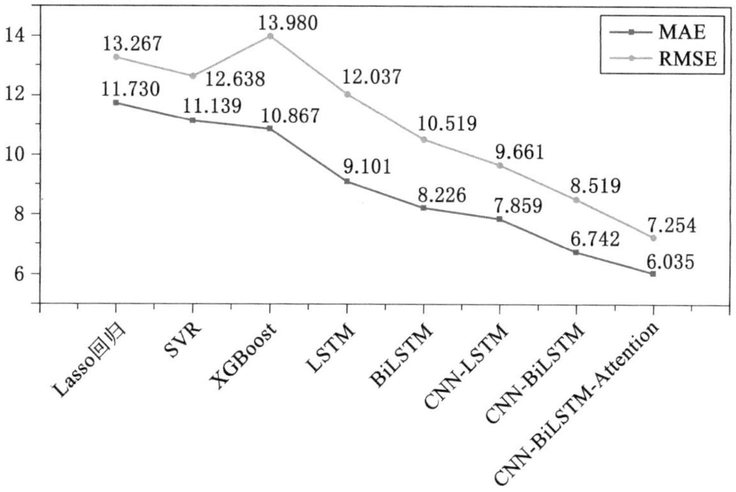

图 5-24 输出时间步长为 72 h 时各模型的 MAE 和 RMSE 对比图

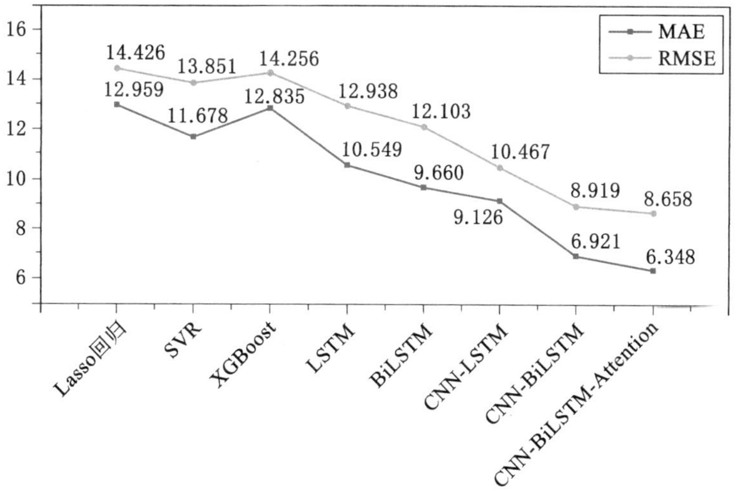

图 5-25 输出时间步长为 96 h 时各模型的 MAE 和 RMSE 对比图

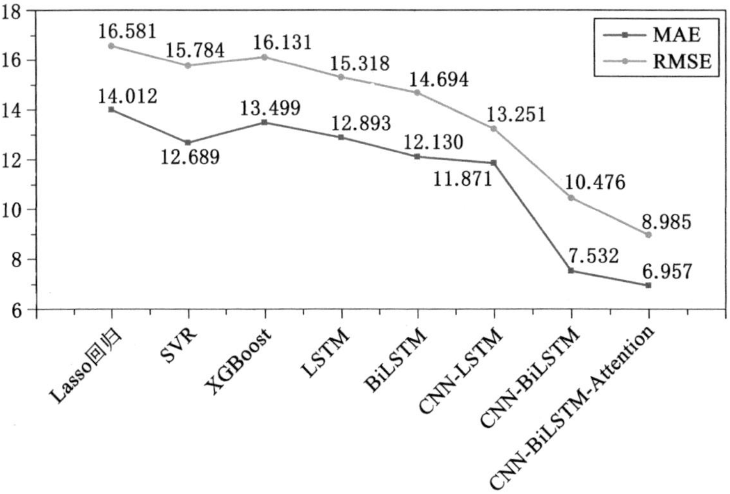

图 5-26 输出时间步长为 120 h 时各模型的 MAE 和 RMSE 对比图

由表 5-16、图 5-23、图 5-24、图 5-25 和图 5-26 可知，在长期预测实验中，机器学习模型的预测性能仍优于传统回归模型，深度学习模型的预测性能仍优于机器学习模型，深度学习混合模型的预测性能仍优于单一的深度学习模型，随着预测时间的增加，8 种模型的预测误差逐渐增大，均在预测时间步长为 120 h 时预测误差最大。其中，本书提出的 CNN-BiLSTM-Attention 模型对未来 120 h 的预测性能优于 Lasso 回归、SVR、XGBoost、LSTM 和 BiLSTM 模型对未来 48 h 的预测性能。当输出时间步长为 120 h 时，CNN-BiLSTM-Attention 模型的 MAE 和 RMSE 分别为 6.957 和 8.985。当输出时间步长为 48 h 时，Lasso 回归模型的 MAE 和 RMSE 分别为 10.975 和 11.973，SVR 模型的 MAE 和 RMSE 分别为 10.582 和 11.478，XGBoost 模型的 MAE 和 RMSE 分别为 9.033 和 12.017，LSTM 模型的 MAE 和 RMSE 分别为 7.934 和 10.113，BiLSTM 模型的 MAE 和 RMSE 分别为 7.129 和 9.356。CNN-BiLSTM-Attention 模型对未来 120 h 的预测性能优于 CNN-LSTM 模型对未来 72 h 的预测性能。当输出时间步长为 72h 时，CNN-LSTM 模型的 MAE 和 RMSE 分别为 7.859 和 9.661。CNN-BiLSTM-Attention 模型对未来 120 h 的预测性能优于 CNN-BiLSTM 模型对未来 120h 的预测性能。当输出时间步长为 120h 时，CNN-BiLSTM 模型的 MAE 和 RMSE 分别为 7.532 和 10.476。CNN-BiLSTM-Attention 模型在所有的输出时间步长上预测性能都是最优的。因此，该模型也可用于长期预测，但预测精度低于 24 h 短期预测。实验结果验证了随着预测时间步长的增加，各个变量对当前 PM2.5 浓度的影响降低，注意力机制对变量赋予的权重受到影响，导致模型的预测精度降低。

5.7 实测数据验证

预测模型训练和测试完成后，实验结果表明本书提出的 CNN-BiLSTM-Attention 模型预测性能良好，为了验证其在实际应用中的表现，利用现场的实测数据对模型性能进行检验。在露天煤矿尾矿库运输道路一侧设置监测点（见图 5-27），监测点距道路中心约 5 m 的距离，监测高度约 1.5 m。从采集到的数据集中随机选取 4 组样本数据对未来 24 h 的 PM2.5 浓度进行预测。

图 5-27 现场数据采集

图 5-28 为现场实测数据真实值与预测值对比图。从 5-28 图中可以看出，即使当 PM2.5 浓度变化幅度较大时，CNN-BiLSTM-Attention 预测模型依然能取得较好的预测效果，模型预测值与真实值拟合度较高。4 组实验的评价指标 MAE、RMSE 和 R^2 分别为 2.632、3.510 和 0.951，2.471、3.349 和 0.966，2.728、3.563 和 0.943，2.533、3.405 和 0.956。4 组评价指标的平均值分别为 2.591、3.457 和 0.954，评价指标结果表明，CNN-BiLSTM-Attention 预测模型在实际应用当中的表现良好。

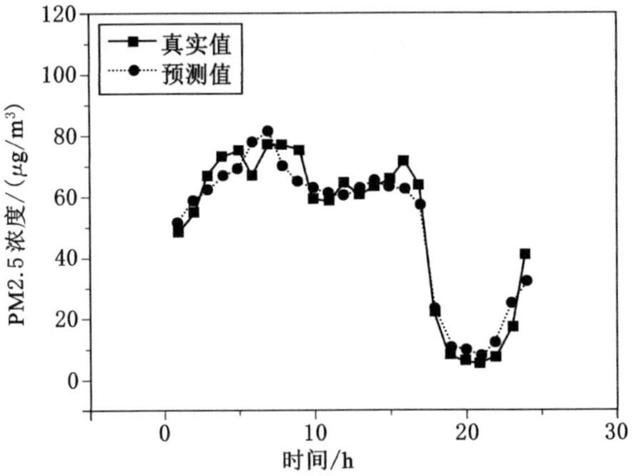

(a)

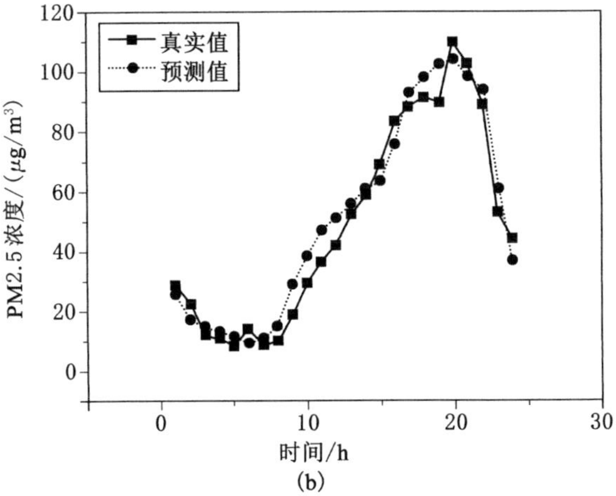

(b)

图 5-28　现场实测数据真实值与预测值对比图

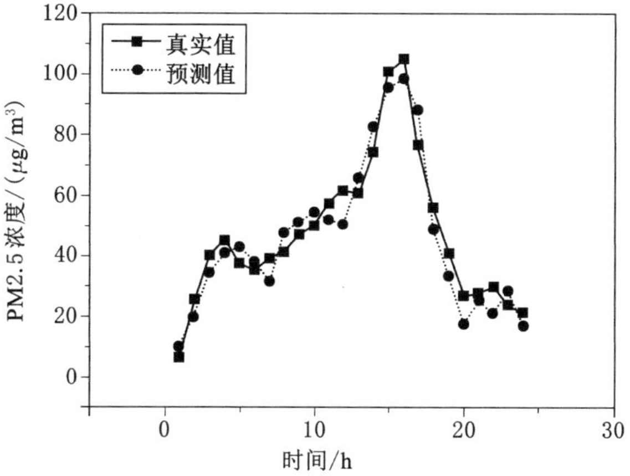

(c)

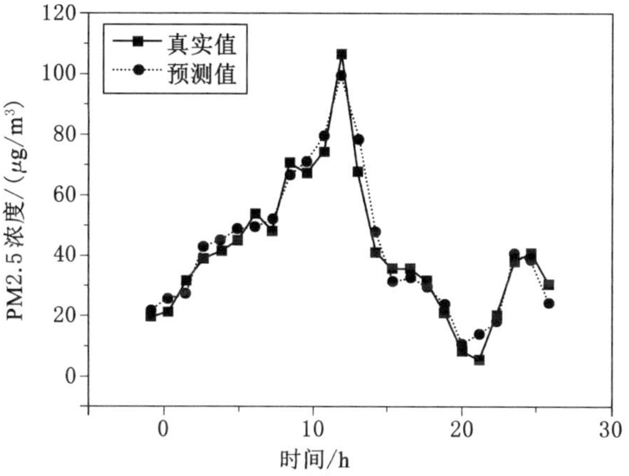

(d)

图 5-28（续）

5.8 本章小结

本章从实验开发环境、模型性能评价指标、确定模型最优输入、输出时间步长、短期预测实验、对比模型实验、长期预测实验和实测数据验证等方面详细阐述了整个实验过程。实验开发环境详细介绍了模型训练及预测的软硬件配置。模型评价指标详细介绍了定量评价模型性能的 3 个指标：MAE、RMSE 和 R^2。通过实验确定 CNN-BiLSTM-Attention 预测模型的最优结构为串行结构，最优输入时间步长为 24×15h，最优输出时间步长为 24 h，并确定了最优参数设置，接着利用 CNN-BiLSTM-Attention 模型进行短期预测实验。对比实验部分设置了 Lasso 回归、SVR、XGBoost、LSTM、BiLSTM、CNN-LSTM、CNN-BiLSTM、CNN-BiLSTM-Attention 模型的预测性能对比实验。实验结果表明，CNN-BiLSTM-Attention 模型的预测性能最优。长期预测实验部分设置了不同输出时间步长的预测实验，实验结果表明 CNN-BiLSTM-Attention 模型的预测性能是最优的。利用现场实测数据验证 CNN-BiLSTM-Attention 模型的实际预测性能，实验结果表明，该模型预测性能良好，具有泛化性。

6 结论与展望

6.1 结论

本书以某露天煤矿2020年1月1日至2021年12月31日的每小时空气质量数据和气象数据为基础，分析了各个变量与粉尘浓度的相关性，为预测模型的建立筛选了合适的变量，利用深度学习模型建立了多元混合粉尘浓度预测模型，并通过现场实测数据进行验证。本书得出以下5点结论。

(1) 通过变量相关性分析可知，PM2.5浓度与PM10浓度具有极强的相关性，因此，以PM2.5浓度为主建立露天煤矿道路粉尘浓度预测模型。相关性分析结果表明，污染物因素与PM2.5浓度的相关性程度由强到弱排序为：PM10、SO_2、NO_2、CO、O_3，气象因素与PM2.5浓度的相关性程度由强到弱排序为：风速、温度、相对湿度、大气压、风向。污染物变量(PM10、SO_2、NO_2、CO、O_3)与PM2.5浓度之间的相关性高于气象变量(温度、相对湿度、风速、大气压)与PM2.5浓度之间的相关性，这也说明在露天煤矿道路粉尘防治的过程中需加强对空气中其他污染物的防治，将粉尘污染与其他空气污染进行联合防治。

(2) 本书建立的多元混合模型不仅能提取数据的非线性局部特征，还能提取双向全局的时序特征，同时通过注意力机制为各个变量赋予不同的权重，突出关键信息。本书建立了并行和串行两种结构的CNN-BiLSTM-Attention预测模型，通过大量实验得出结论，串行结构模型的性能优于并行结构模型，且当输入大小为24×15，输出大小为24时模型的预测性能最好，预测误差达到了最低，评价指标MAE、RMSE和R^2分别为：2.694、3.384和0.957。

(3) 将本书建立的CNN-BiLSTM-Attention模型与传统回归模型

(Lasso 回归)、机器学习模型(SVR、XGBoost)、单一深度学习模型(LSTM、BiLSTM)和深度学习混合模型(CNN-LSTM、CNN-BiLSTM)进行短期预测对比实验。实验结果表明,Lasso 回归模型的预测性能最差,CNN-BiLSTM-Attention 多元混合模型性能最优,预测误差更小,稳定性更强,可用于 24 h 短期预测。

(4) 将本书建立的 CNN-BiLSTM-Attention 模型与传统回归模型、机器学习模型和单一深度学习模型进行不同时间步长(48 h、72 h、96 h 和 120 h)的长期预测对比实验。实验结果表明,本书提出的多元混合模型对未来 120 h 的预测性能优于 Lasso 回归、SVR、XGBoost、LSTM 和 BiLSTM 模型对未来 48 h 的预测,优于 CNN-LSTM 模型对未来 72 h 的预测,优于 CNN-BiLSTM 模型对未来 120 h 的预测。该结果也验证了随着预测时间步长的增加,各个变量对当前 PM2.5 浓度的影响降低,注意力机制对变量赋予的权重受到影响,导致模型的预测精度降低。实验结果表明,该混合模型具有良好的泛化性和鲁棒性,也可用于长期预测,但预测精度低于 24 h 短期预测。

(5) 经过实测数据验证,得到 4 组预测结果的评价指标 MAE、RMSE 和 R^2 的平均值分别为:2.591、3.457 和 0.954。此结果验证了本书提出的多元混合模型 CNN-BiLSTM-Attention 在实际应用中预测性能良好,可用于露天煤矿道路粉尘浓度预测。

6.2 展望

本书构建的 CNN-BiLSTM-Attention 深度学习混合模型虽然可以实现露天煤矿粉尘浓度的短期预测和长期预测,预测性能较好,但仍存在可以深入研究和改进的地方。

(1) 粉尘浓度预测是一个复杂的预测问题,本书训练模型使用的数据集是近两年的污染物数据和气象数据,未来可以增加数据量,并可结合空间分布特征,进一步优化预测模型,从而在一定程度上提高模型的预测精度。

(2) 在未来可以将粉尘浓度预测模型与降尘设备联动,将粉尘浓度未来的变化情况实时地反馈给降尘设备,能够对粉尘浓度的异常变化进行快速处理。

(3) 本书建立的露天煤矿道路粉尘浓度预测模型的基本原理即时间序列数据超前多步预测。实验结果表明，该模型在粉尘浓度预测方面性能优越，但该模型理论上不仅可以用于粉尘浓度预测，任何具有时间序列特性的变量数据都可用于模型的训练，在其他领域也具有潜在的应用价值。未来，可以利用其他类型的时间序列数据训练模型，检验本书所构建的理论模型是否也可用于其他领域，是否具有普遍适用性。

参考文献

References

[1] 王双明. 对我国煤炭主体能源地位与绿色开采的思考[J]. 中国煤炭, 2020,46(2):11-16.

[2] 中华人民共和国自然资源部. 中国矿产资源报告:2024[M]. 北京:地质出版社,2024.

[3] 应急管理部信息研究院. 2025 中国煤炭发展报告[M]. 北京:应急管理出版社,2025.

[4] 徐占金,王毅. 露天煤矿粉尘危害与起尘机理及其治理措施[J]. 内蒙古煤炭经济,2019(23):1-4.

[5] 轩吴凡. 基于呼气传感的尘肺前期筛查及预警研究[D]. 徐州:中国矿业大学,2024.

[6] ZHAO J Q, LI J G, ZHA C X. Prevalence of pneumoconiosis among young adults aged 24-44 years in a heavily industrialized province of China [J]. Journal of occupational health, 2019, 61(1):73-81.

[7] 廖艺斌. 露天矿防尘重要性及措施[C] //中国煤炭学会露天开采专业委员会. 第八届露天开采专业科技学术研讨会论文集. 贵州:中国煤炭学会,2019:113-116.

[8] 赵忠军,毕明亮,靳雷雷. 露天煤矿绿色开采技术探究[J]. 工程学研究与

实用,2022,3(1):117-119.
[9] 陆国荣.国外露天矿汽车运输路面扬尘防治技术:一[J].国外金属矿山,1991(11):69-78.
[10] 杨栋良.露天煤矿绿色开采技术分析[J].机械与电子控制工程,2021,3(11):4-6.
[11] 季士峰.学习党的二十大精神 让高质量发展落到实处[J].建筑,2022(23):28-29.
[12] 中国生态环境保护这十年[J].中华环境,2022(10):16.
[13] 徐占金,徐国俊.粉尘运动弥散规律研究[J].露天采矿技术,2021,36(1):41-44.
[14] 霍文,栾博钰,周伟,等.基于环境因素的露天煤矿粉尘质量浓度预测[J].辽宁工程技术大学学报(自然科学版),2021,40(5):409-414.
[15] 张易容.基于循环神经网络的哈尔乌素露天煤矿粉尘浓度预测[D].徐州:中国矿业大学,2020.
[16] 王雅宁.基于随机森林-马尔科夫模型的露天矿粉尘浓度预测研究[D].徐州:中国矿业大学,2021.
[17] LAL B,TRIPATHY S S. Prediction of dust concentration in open cast coal mine using artificial neural network[J]. Atmospheric pollution research,2012,3(2):211-218.
[18] 罗怀廷.寒区露天煤矿粉尘污染特征及预测[D].徐州:中国矿业大学,2022.
[19] 张巧锋.基于时间序列的露天煤矿道路 PM2.5 浓度预测研究[D].阜新:辽宁工程技术大学,2022.
[20] 赵耀忠,严俊龙,任吉凯,等.基于机器学习的露天煤矿粉尘浓度预测[J].煤炭工程,2022,54(S1):157-161.
[21] LI L,ZHANG R X,SUN J D,et al. Monitoring and prediction of dust concentration in an open-pit mine using a deep-learning algorithm[J]. Journal of environmental health science and engineering,2021,19(1):401-414.
[22] BUI X N,LEE C,NGUYEN H,et al. Estimating PM10 concentration from drilling operations in open-pit mines using an assembly of SVR

and PSO[J]. Applied sciences,2019,9(14):2806.

[23] CHEMEL C,FISHER B E A,KONG X,et al. Application of chemical transport model CMAQ to policy decisions regarding PM2. 5 in the UK[J]. Atmospheric environment,2014,82:410-417.

[24] HOGREFE C, BISWAS J, LYNN B, et al. Simulating regional-scale ozone climatology over the eastern United States: model evaluation results[J]. Atmospheric environment,2004,38(17):2627-2638.

[25] 胡玉筱,段显明. 基于高斯烟羽和多元线性回归模型的 PM2. 5 扩散和预测研究[J]. 干旱区资源与环境,2015,29(6):86-92.

[26] ZHOU G Q,XU J M,XIE Y,et al. Numerical air quality forecasting over Eastern China: an operational application of WRF-Chem[J]. Atmospheric environment,2017,153:94-108.

[27] 潘锦秀,晏平仲,孙峰,等. 多元线性回归方法对北京地区 PM2. 5 预报的改进应用[J]. 中国环境监测,2019,35(2):43-52.

[28] THONGTHAMMACHART T, SHIMADERA H, ARAKI S, et al. Land use regression model established using Light Gradient Boosting Machine incorporating the WRF/CMAQ model for highly accurate spatiotemporal PM2. 5 estimation in the central region of Thailand[J]. Atmospheric environment,2023,297:119595.

[29] CHENG X H,LIU Y L,XU X D,et al. Lidar data assimilation method based on CRTM and WRF-Chem models and its application in PM2. 5 forecasts in Beijing[J]. Science of the total environment, 2019, 682: 541-552.

[30] ELBAYOUMI M,RAMLI N A, YUSOF N F F M. Development and comparison of regression models and feedforward backpropagation neural network models to predict seasonal indoor PM2. 5 – 10 and PM2. 5 concentrations in naturally ventilated schools[J]. Atmospheric pollution research,2015,6(6):1013-1023.

[31] 李慧敏,刘新贵,孙傲辉,等. 中国重点区域 PM2. 5 时空变化分析与预测[J]. 测绘与空间地理信息,2022,45(1):175-181.

[32] DONG M, YANG D, KUANG Y, et al. PM2. 5 concentration

prediction using hidden semi-Markov model-based times series data mining[J]. Expert systems with applications,2009,36(5):9046-9055.

[33] 张熙来,赵俭辉,蔡波.针对PM2.5单时间序列数据的动态调整预测模型[J].自动化学报,2018,44(10):1790-1798.

[34] 鞠英芹,马德栗,杜良敏,等.天门市PM2.5和PM10颗粒污染物特征及其预测模型[J].湖北农业科学,2022,61(1):74-79.

[35] 席小雅,郑旭峰,李小鸭.GM(1,1)-ARMA(p,q)组合模型下的PM2.5浓度预测:以西安市为例[J].现代信息科技,2022,6(6):15-18.

[36] 张亚博,谢劭峰,张继洪,等.基于MIV-ARIMA算法的PM2.5浓度预测[C]//中国卫星导航系统管理办公室学术交流中心.第十三届中国卫星导航年会论文集,北京:中国卫星导航年会组委会,2022:53-57.

[37] 任才溶,谢刚.基于随机森林和气象参数的PM2.5浓度等级预测[J].计算机工程与应用,2019,55(2):213-220.

[38] 尹建光,彭飞,谢连科,等.基于小波分解与自适应多级残差修正的最小二乘支持向量回归预测模型的PM2.5浓度预测[J].环境科学学报,2018,38(5):2090-2098.

[39] WANG R J, YANG W F. A short-time PM2.5 concentration forecasting method based on support vector regression and genetic algorithm[C]//SPIE. International conference on automation control, algorithm, and intelligent bionics (ACAIB 2022). Qingdao, 2022,12253.

[40] ZHONG W J, LIAN X Q, GAO C, et al. PM2.5 concentration prediction based on mRMR-XGBoost model[C]//Machine learning and intelligent communications. Cham:Springer,2022:327-336.

[41] ZHONG J T,ZHANG X Y,GUI K,et al. Robust prediction of hourly PM2.5 from meteorological data using LightGBM[J]. National science review,2021,8(10):307.

[42] KANG J, HUANG L, ZHANG C, et al. Prediction and comparative analysis of hourly PM2.5 under multi-machine learning model[J]. China environmental science,2020,40(5):1895-1905.

[43] TENG M F, LI S W, SONG G, et al. Including the feature of

appropriate adjacent sites improves the PM2. 5 concentration prediction with long short-term memory neural network model[J]. Sustainable cities and society,2022,76:103427.

[44] JIANG F,ZHANG C,SUN S,et al. A novel hybrid framework for hourly PM2. 5 concentration forecasting using CEEMDAN and deep temporal convolutional neural network[J]. Electrical engineering and systems science,2012:03781.

[45] 康俊锋,谭建林,方雷,等. XGBoost-LSTM 变权组合模型支持下短期 PM2. 5 浓度预测:以上海为例[J]. 中国环境科学,2021,41(9):4016-4025.

[46] ZHU M Y,XIE J. Investigation of nearby monitoring station for hourly PM2. 5 forecasting using parallel multi-input 1D-CNN-biLSTM [J]. Expert systems with applications,2023,211:118707.

[47] KOW P Y,CHANG L C,LIN C Y,et al. Deep neural networks for spatiotemporal PM2. 5 forecasts based on atmospheric chemical transport model output and monitoring data [J]. Environmental pollution,2022,306:119348.

[48] GU K,JIAO R,BOY,et al. Prediction of PM2. 5 concentration based on composite LSTM model[J]. Environmental monitoring in China, 2023,39(1):170-180.

[49] KIM Y B,PARK S B,LEE S,et al. Comparison of PM2. 5 prediction performance of the three deep learning models:a case study of Seoul, Daejeon, and Busan [J]. Journal of industrial and engineering chemistry,2023,120:159-169.

[50] 郭锋,柳骏,王裘潇,等. 一种低功耗的电网巡检故障图像识别方法[J]. 沈阳工业大学学报,2023,45(1):6-11.

[51] 林湧涛,崔宁,赵志俊,等. 基于深度学习的图像目标定位识别研究[J]. 现代信息科技,2023,7(2):83-86.

[52] 吕建东,王新刚. 用于新冠肺炎 CAR 的类残差 CNN-LSTM[J]. 计算机仿真,2023,40(1):339-344.

[53] 黄治力. 基于深度学习的车辆识别优化研究[D]. 绵阳:西南科技大

学,2020.
[54] 王阳. 基于深度学习的多人语音识别研究[D]. 北京:北方工业大学,2022.
[55] 孙启森,张建新,程海阳,等. 基于注意力的卷积神经网络金融时序数据预测[J]. 计算机应用,2022,42(S2):290-295.
[56] CAO J S,WANG J H. Stock price forecasting model based on modified convolution neural network and financial time series analysis[J]. International journal of communication systems,2019,32(12):3987.
[57] GAUTAM A,RAMAN B. Towards effective classification of brain hemorrhagic and ischemic stroke using CNN[J]. Biomedical signal processing and control,2021,63:102178.
[58] MAO Y S,LEE S. Deep convolutional neural network for air quality prediction [J]. Journal of physics: conference series, 2019, 1302(3):032046.
[59] FARAJI M,NADI S,GHAFFARPASAND O,et al. An integrated 3D CNN-GRU deep learning method for short-term prediction of PM2.5 concentration in urban environment [J]. Science of the total environment,2022,834:155324.
[60] 邱意,贾桂敏,杨金锋,等. 民航陆空通话语音识别 BiLSTM 网络模型[J]. 信号处理,2019,35(2):293-300.
[61] 余萍,赵康,曹洁. 基于优化 A-BiLSTM 的滚动轴承故障诊断[J]. 吉林大学学报(工学版),2024,54(8):2156-2166.
[62] 姚志刚,卢致远,李聪聪,等. CEEMDAN-PSO 组合优化 BiLSTM 的公交站点短时客流预测方法[J]. 北京交通大学学报,2023,47(1):74-80.
[63] 何晓霞,古兰拜尔·吐尔洪,买日旦·吾守尔,等. 融合 BERT 词嵌入和 BiLSTM 的微博谣言持续检测模型[J]. 东北师大学报(自然科学版),2023,55(1):65-71.
[64] 曹洁,苏广,张红,等. CapsNet 融合 D-BiLSTM 的区域复杂路网交通速度预测[J]. 吉林大学学报(工学版),2023,54(9):2531-2539.
[65] 程妍菲,张明辉,王宝珠. 基于 WT-BiLSTM-ARMA 模型的 PM2.5 浓度预测研究[J]. 计算机时代,2023(1):44-49.

[66] LIN Z A,SUN X Y,JI Y F. Landslide displacement prediction based on time series analysis and double-BiLSTM model[J]. International journal of environmental research and public health, 2022, 19(4):2077.

[67] KIM J,OH S,KIM H,et al. Tutorial on time series prediction using 1D-CNN and BiLSTM:a case example of peak electricity demand and system marginal price prediction[J]. Engineering applications of artificial intelligence,2023,126:1-14.

[68] 吴莹莹,赵丽宁,袁志鑫,等. 基于注意力机制的 CNN-GRU 船舶交通流预测模型[J]. 大连海事大学学报,2023,49(1):75-84.

[69] 王非,刘军. 基于 MobileNet 和 NAM 注意力机制的轻量级 OpenPose 网络[J]. 通信与信息技术,2023(2):8-12.

[70] 李磊,林珊,贾颉辉. 基于 TCN-Attention 神经网络的短期负荷预测[J]. 电力信息与通信技术,2023,21(3):10-16.

[71] QIAN S W,WANG C J. COM:Contrastive Masked-attention model for incomplete multimodal learning[J]. Neural Networks,2023,162:443-455.

[72] BENBRAHIM H,HACHIMI H,AMINE A. Deep transfer learning pipelines with apache spark and keras tensor flow combined with logistic regression to detect COVID-19 in chest CT images[J]. Walailak journal of science and technology,2021,18(11):13109.

[73] 刘旭林,赵文芳,唐伟. 应用 CNN-Seq2seq 的 PM2.5 未来一小时浓度预测模型[J]. 小型微型计算机系统,2020,41(5):1000-1006.

[74] ZHANG M M,WU D H,XUE R N. Hourly prediction of PM2.5 concentration in Beijing based on Bi-LSTM neural network[J]. Multimedia tools and applications,2021,80(16):24455-24468.

[75] WANG Z Y,LI H Q,TANG Z Z,et al. User-level ultra-short-term load forecasting model based on optimal feature selection and bahdanau attention mechanism[J]. Journal of circuits,systems and computers,2021,30(15):2150279.

[76] 张利娜. 露天矿粉尘防治技术研究[J]. 能源与节能,2022(8):119-121.

[77] 李大怀. 露天矿非扰动区粉尘起尘机理及防治策略研究[D]. 徐州：中国矿业大学，2022.

[78] 刘鑫，张瑞新，孙健东，等. 基于无人机的露天矿粉尘立体化监测方法[J]. 煤炭工程，2021，53(12)：140-144.

[79] 张强. 哈尔乌素露天煤矿非扰动区降尘方式研究[D]. 徐州：中国矿业大学，2019.

[80] 汤万钧. 露天煤矿粉尘分布和运移机理研究[D]. 徐州：中国矿业大学，2018.

[81] 高振. 安家岭露天矿钻孔扬尘控制方案对比分析及优化选择[D]. 阜新：辽宁工程技术大学，2015.

[82] 罗怀廷. 寒区露天煤矿粉尘污染特征及预测[D]. 徐州：中国矿业大学，2022.

[83] LUAN B Y，ZHOU W，JISKANI I M，et al. An improved machine learning approach for optimizing dust concentration estimation in open-pit mines[J]. International journal of environmental research and public health，2023，20(2)：1353.

[84] TANG W J，CAI Q X. Dust distribution in open-pit mines based on monitoring data and fluent simulation[J]. Environmental monitoring and assessment，2018，190(11)：632.

[85] 卢洁，雷少刚. 露天煤矿粉尘环境影响及其扩散规律研究综述[J]. 煤矿安全，2017，48(8)：231-234.

[86] 李海林，张丽萍. 时间序列数据挖掘中的聚类研究综述[J]. 电子科技大学学报，2022，51(3)：416-424.

[87] 林勇. 基于深度学习和网络大数据的金融时间序列分析及预测[D]. 成都：四川师范大学，2022.

[88] 刘新. 基于 TCN 的时间序列数据特征提取研究与应用[D]. 大连：大连理工大学，2021.

[89] 张小波. 基于数据特征驱动分解的季节性时间序列预测模型研究及应用[D]. 大连：东北财经大学，2020.

[90] 胡宇鹏. 时间序列数据挖掘中的特征表示与分类方法的研究[D]. 济南：山东大学，2018.

[91] 王培屹.时间序列数据挖掘中的特征表示与相似性度量方法研究分析[J].电脑与电信,2018(6):54-56.

[92] 范剑锋.时间序列数据特征选择和预测方法研究[D].南京:南京大学,2016.

[93] 宗文泽,吴永明,徐计,等.基于 DTW-kmedoids 算法的时间序列数据异常检测[J].组合机床与自动化加工技术,2022(5):120-124.

[94] JOSEPH F J J,NONSIRI S,MONSAKUL A. Keras and tensor flow:a hands-on experience[M] // Advanced deep learning for engineers and scientists: a practical approach. Cham: Springer International Publishing,2021:85-111.

[95] RAMASUBRAMANIAN K,SINGH A. Deep learning using keras and tensor flow[M] // Machine learning using R: with time series and industry-based use cases in R. 2nd ed. Berkeley: Apress, 2019: 667-688.

[96] 梁宏涛,刘硕,杜军威,等.深度学习应用于时序预测研究综述[J].计算机科学与探索,2023,17(6):1285-1300.

[97] 张淑清,杜灵韵,王册浩,等.基于格拉姆角场与改进 CNN-ResNet 的风电功率预测方法[J].电网技术,2023,47(4):1540-1548.

[98] 张超,庞永志,王巍智,等.基于 CNN-GRU 模型的齿轮寿命预测[J].机床与液压,2023,51(2):11-16.

[99] KHAN M A A,SENTHIL KUMAR G,VARUGHESE R R. CNN-based covid-19 severity detection and its diagnosis[C]//DEVI S P, ANAND G P,DURGADEVI M,et al. IoT,cloud and data science. Switzerland:Trans Tech Publications Ltd,2023,124:496-503.

[100] LUAN H X,XU H,TANG W,et al. Coal and gangue classification in actual environment of mines based on deep learning [J]. Measurement,2023,211:112651.

[101] ZHENG Q H,WANG R Y,TIAN X Y,et al. A real-time transformer discharge pattern recognition method based on CNN-LSTM driven by few-shot learning [J]. Electric power systems research, 2023, 219:109241.

[102] MÈNDEZ M, MERAYO M G, Nú? EZ M. Long-term traffic flow forecasting using a hybrid CNN-BiLSTM model [J]. Engineering applications of artificial intelligence, 2023, 121: 106041.

[103] BAKIR H, KUZHIPPALLIL F A, MERABET A. Automatic detection of deteriorated photovoltaic modules using IRT images and deep learning (CNN, LSTM) strategies [J]. Engineering failure analysis, 2023, 146: 107132.

[104] 张文浩,尹玲. 基于 CNN 和 BiLSTM 的地震检测漏报优化算法[J]. 智能计算机与应用,2023,13(2):169-173.

[105] SUN B, LIU X D, WANG J Y, et al. Short-term performance degradation prediction of a commercial vehicle fuel cell system based on CNN and LSTM hybrid neural network[J]. International journal of hydrogen energy, 2023, 48(23): 8613-8628.

[106] 谢国民,李叙达. 基于 BiLSTM 算法的瓦斯浓度预测方法[C]//中国煤炭学会煤矿自动化专业委员会. 第 30 届全国煤矿自动化与信息化学术会议暨第 11 届中国煤矿信息化与自动化高层论坛论文集. 海南:中国煤炭学会煤矿自动化专业委员会,2022,219-229.

[107] 王向前,李敏敏,孟祥瑞. 基于 ALBERT-BiLSTM-CRF 的煤矿事故案例文本命名实体识别方法[J]. 阜阳师范大学学报(自然科学版),2022,39(3):56-64.

[108] 秋兴国,李娜. 基于 CNN-GCN-BiLSTM 的煤矿底板突水量预测模型[J]. 煤炭技术,2022,41(8):84-87.

[109] MÉNDEZ M, MERAYO M G, Nú? EZ M. Long-term traffic flow forecasting using a hybrid CNN-BiLSTM model [J]. Engineering applications of artificial intelligence, 2023, 121: 106041.

[110] ZHANG X Q, CHEN H Y, WEN Y H, et al. A new rainfall prediction model based on ICEEMDAN-WSD-BiLSTM and ESN[J]. Environmental science and pollution research, 2023, 30 (18): 53381-53396.

[111] XU H S, FAN G L, KUANG G F, et al. Exploring the potential of BERT-BiLSTM-CRF and the attention mechanism in building a

tourism knowledge graph[J]. Electronics,2023,12(4):1010.

[112] SATHI K A, HOSAIN M K, HOSSAIN M A, et al. Attention-assisted hybrid 1D CNN-BiLSTM model for predicting electric field induced by transcranial magnetic stimulation coil [J]. Scientific reports,2023,13:2494.

[113] 魏佳恒,郭惠勇. 基于贝叶斯优化 BiLSTM 模型的输电塔损伤识别[J]. 振动与冲击,2023,42(1):238-248.

[114] 褚飞飞. 基于注意力机制和长短期记忆神经网络的水质预测方法研究[D]. 南京:南京邮电大学,2022.

[115] 梁艳花. 面向不同模态的图像显著性检测模型理论与方法研究[D]. 长春:吉林大学,2022.

[116] 王荣荣. 多模态人机交互系统及其语音识别关键技术研究[D]. 杭州:浙江大学,2022.

[117] ZHANG Y H, LUO L Y, DOU Q, et al. Triplet attention and dual-pool contrastive learning for clinic-driven multi-label medical image classification[J]. Medical image analysis,2023,86:102772.

[118] WANG L B, WANG Y L, DENG H, et al. Attention reweighted sparse subspace clustering [J]. Pattern recognition, 2023, 139:109438.

[119] 张超,庞永志,王巍智,等. 基于 CNN-GRU 模型的齿轮寿命预测[J]. 机床与液压,2023,51(2):11-16.

[120] 黄华,姚嘉靖,王永和,等. 基于多通道一维卷积神经网络的刀具磨损动态预测模型[J]. 振动与冲击,2023,42(2):60-67.

[121] ELHARROUSS O, HMAMOUCHE Y, IDRISSI A K, et al. Refined edge detection with cascaded and high-resolution convolutional network[J]. Pattern recognition,2023,138:109361.

[122] ZHANG X C, WU Z M, CAO C M, et al. Design and operation of a deep-learning-based fresh tea-leaf sorting robot[J]. Computers and electronics in agriculture,2023,206:107664.

[123] 周建国. 基于深度学习的系统日志异常检测技术研究[D]. 南京:南京邮电大学,2022.